高等职业教育"互联网+"新形态一体化系列教材

智能制造领域高素质技术技能型人才培养教材·工业机器人技术

INDUSTRIAL ROBOT

工业机器人应用基础
——基于FANUC机器人

主　编□杨　铨　梁倍源　辛华健

主　审□陶　权　曲宏远

副主编□周　旭　李可成　谢宗华

参　编□黄熙彭　张绍昆　李叶伟　林伟雄

华中科技大学出版社
http://www.hustp.com
中国·武汉

内 容 简 介

本书以 FANUC 机器人(发那科机器人)为例,讲解工业机器人的应用基础,内容依据编者从事工业机器人教学的经验而设计,包含工业机器人硬件系统的组成、安全操作规范、常见故障的处理、基本维护、坐标系的设定、仿真软件的基本应用、常用编程指令、通信的方法和步骤等,知识基础而全面,让读者全面了解工业机器人应用中所需要的知识点,并结合典型实例以及仿真软件讲解,倡导实用性教学,有助于激发读者学习兴趣,提高教师教学效率,便于初学者在短时间内全面、系统地了解工业机器人基础应用知识。

本书配套有微课资源和在线开放课程资源("智慧树"平台),能够用于线上教学和线上线下混合式教学。

本书可作为高等职业院校或技师学院工业机器人技术和自动化类专业课程教材,也可供从事工业机器人相关工作的技术人员使用。

图书在版编目(CIP)数据

工业机器人应用基础:基于 FANUC 机器人/杨铨,梁倍源,辛华健主编.—武汉:华中科技大学出版社,2020.6(2024.1 重印)

ISBN 978-7-5680-6242-8

Ⅰ.①工…　Ⅱ.①杨…　②梁…　③辛…　Ⅲ.①工业机器人　Ⅳ.①TP242.2

中国版本图书馆 CIP 数据核字(2020)第 085945 号

工业机器人应用基础——基于 FANUC 机器人

Gongye Jiqiren Yingyong Jichu——Jiyu FANUC Jiqiren

杨　铨　梁倍源　辛华健　主编

策划编辑:张　毅

责任编辑:刘姝甜

封面设计:廖亚萍

责任监印:朱　玢

出版发行:华中科技大学出版社(中国·武汉)　　电话:(027)81321913
　　　　　武汉市东湖新技术开发区华工科技园　　邮编:430223

录　　排:武汉三月禾文化传播有限公司

印　　刷:武汉科源印刷设计有限公司

开　　本:787mm×1092mm　1/16

印　　张:14.75

字　　数:375 千字

版　　次:2024 年 1 月第 1 版第 4 次印刷

定　　价:45.00 元

制造业是国民经济的主体,是立国之本、兴国之器、强国之基。当前,新一轮科技革命和产业变革与我国加快转变经济发展方式的举措形成历史性交汇,国际产业分工格局正在重塑。经过几十年的快速发展,我国制造业规模跃居世界第一位,经济发展进入新常态,制造业发展面临新挑战。资源和环境约束不断强化,劳动力等生产要素成本不断上升,投资和出口增速明显放缓,主要依靠资源要素投入、规模扩张的粗放发展模式难以为继,调整结构、转型升级、提质增效刻不容缓。形成经济增长新动力,塑造国际竞争新优势,重点在制造业,难点在制造业,出路也在制造业。因此,国务院下发了《国务院关于印发〈中国制造 2025〉的通知》(国发〔2015〕28 号)文件,明确了中国制造业的发展方向。

机器人既是先进制造业的关键支撑装备,也是改善人类生活方式的重要切入点。工业机器人作为智能制造的重要终端设备,在汽车、电子、食品、化工、装备制造等行业中得到广泛应用。工业机器人的应用、研发及产业化程度是衡量一个国家科技创新、高端制造发展水平的重要标志。

我国制造业不断转型升级,促使工业机器人技术综合性应用人才的需求日益增大。大力发展工业机器人产业及配套优质教育资源,对于打造中国制造新优势、推动工业转型升级、加快制造强国建设、改善人民生活水平具有重要意义。为响应国家政策号召,职业院校普遍开设工业机器人技术专业及相关课程,以此来达到培养高素质技术技能型人才的目的。

为了适应工业机器人领域发展的形势,满足教学和技术人员培训的要求,编者从实用的角度出发,编写了本书。本书基于 FANUC 机器人,全面讲解了工业机器人硬件系统的组成、安全操作规范、常见故障的处理、基本维护、坐标系的设定、仿真软件的基本应用、常用编程指令、通信的方法和步骤等知识,采用新形态"互联网+"模式,扫码即可观看微课,知识点更加立体直观,以期给高等职业院校和技师学院相关专业的师生和工业机器人相关行业的从业人员提供实用性指导和帮助。

本书由广西工业职业技术学院杨铨、梁倍源、辛华健担任主编,广西电力职业技术学院周旭、广西工业职业技术学院李可成和潍坊工程职业学院谢宗华担任副主编,广西工业职业技术学院黄熙迻、张绍昆、李叶伟和广西工业技师学院林伟雄也参加了编写,广西工业职业技术学院陶权、曲宏远担任主审。

由于编者水平有限,书中难免存在不足或错误之处,恳请读者批评指正。

编　者

认识工业机器人技术的特点和发展历程

人类工业发展的历程有四个重要阶段,分别对应工业 1.0～4.0 时代,但凡在每次工业变革中占据技术引领和标准制定地位的国家都成了那个时代世界工业的强者,以此带动了整个国家经济和军事的飞跃发展,成为影响世界的超级大国。中国由于历史的原因,工业发展较西方国家起步晚。随着改革开放以及国家的高度重视,中国的工业有了飞速的发展,现国内生产总值已经跃升为世界第二。与此同时,世界工业的发展已经进入工业 4.0 时代,但中国工业现状是大而不强,因此,面对工业新时代的到来,我国政府推行了《中国制造 2025》等多项战略规划来促进工业的提升和转型,以期在工业 4.0 时代促使我国成为工业强国。

◀ 任务 1　工业及工业机器人技术的发展史 ▶

【能力目标】

熟练说出工业的发展史和工业机器人技术的发展历程。

【知识目标】

熟悉工业 4.0 时代特征和《中国制造 2025》战略文件的要点。

【素质目标】

能够归纳工业机器人发展过程中各重要阶段的技术特点。

一、工业的发展历程

1. 工业 1.0 时代

工业 1.0 时代是机械制造时代,即通过水力和蒸汽机实现工厂机械化,时间大概是 18 世纪 60 年代至 19 世纪中期。这次工业生产的巨大变革带来了生产力的巨大提升,促进了生产技术的更新,为欧洲的发展提供了巨大动力。典型的工业 1.0 时代的机械装备如图 1-1 所示。

2. 工业 2.0 时代

工业 2.0 时代是电气化与自动化时代,即在劳动分工基础上采用电力驱动产品的大规模生产,时间大概是 19 世纪后半期至 20 世纪初。电力产生并应用于生产是工业 2.0 时代的重要特征。典型的工业 2.0 时代的电气自动控制台如图 1-2 所示。

3. 工业 3.0 时代

工业 3.0 时代是电子信息化时代,即广泛应用电子与信息技术,该时代从 20 世纪 70 年

图 1-1　典型的工业 1.0 时代的机械装备

图 1-2　典型的工业 2.0 时代的电气自动控制台

代开始并一直延续至现在。这个时代里,工业的生产实现了自动化,这促进了工业生产的智能控制设备的发展,智能控制设备、传感设备和工业网络通信技术等开始应用于工业生产。典型的工业 3.0 时代的电气自动控制系统结构如图 1-3 所示。

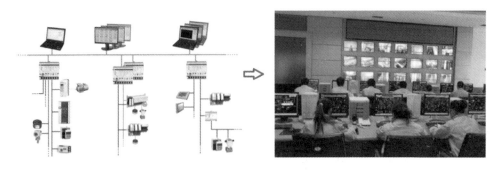

图 1-3　典型的工业 3.0 时代的电气自动控制系统

4. 工业 4.0 时代

工业 4.0 时代的概念包含了由集中式控制向分散式增强型控制的基本模式的转变,目标是建立一个高度灵活的个性化和数字化的产品与服务的生产模式。在这种模式中,传统的行业界限将消失,各种新的活动领域和合作形式将产生,创造新价值的过程将发生改变,产业链分工将被重组。

工业 4.0 时代的项目主要分为三大主题:

一是智能工厂,重点研究智能化生产系统及过程,以及网络化分布式生产设施的实现。

二是智能生产,主要涉及整个企业的生产物流管理、人机互动以及 3D 技术在工业生产过程中的应用等。该主题项目将特别注重吸引中小企业参与,力图使中小企业成为新一代智能化生产技术的使用者和受益者,同时也成为先进工业生产技术的创造者和供应者。

三是智能物流,主要通过互联网、物联网、物流网,整合物流资源,充分发挥现有物流资源供应方的效率,而使需求方能够快速获得服务匹配,得到物流支持。

工业 4.0 时代的优势如图 1-4 所示。如今,人类工业逐步由工业 3.0 时代向工业 4.0 时代发展和转变。

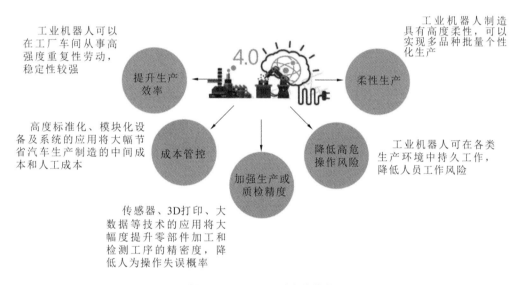

图 1-4 工业 4.0 时代的优势

二、《中国制造 2025》规划

结合世界工业发展的特点以及我国工业发展的现状,为了能够实现中国由制造业大国向制造业强国转变,并逐步实现工业 4.0 时代,中国政府于 2015 年 5 月制定了《中国制造 2025》规划,以创新驱动、质量为先、绿色发展、结构优化、人才为本作为该规划的基本方针。《中国制造 2025》规划将智能制造作为主攻方向,推进制造过程智能化,在重点领域试点建设智能工厂、数字化车间,加快人机智能交互、工业机器人、智能物流管理等技术和装备在生产过程中的应用,促进制造工艺的仿真优化、数字化控制、状态信息实时监测和自适应控制。专家预计,未来十至二十年,工业机器人作为中国工业转型的重要装备,必将广泛应用在工业生产线上和民用服务行业中,那时将会有 50% 的工作岗位被工业机器人取代,当然,同时也会有大量的工业机器人技术员岗位诞生,这就对未来的技术人员提出了更高的要求——只有掌握了适应时代发展的技术和技能,才能满足未来时代发展的要求。

三、认识工业机器人

1. 工业机器人的发展背景及定义

随着社会的不断进步以及工业化的不断发展,中国目前已经成了世界上第二大经济体,中国制造业面临着巨大挑战的同时也迎来了巨大机遇。针对中国制造业大而不强的现状,国家提出了《中国制造 2025》的战略规划,目的就是使中国从制造业大国向制造业强国转变。这就对中国的制造业提出了更高的要求——既要实现产品的升级换代,也要实现生产向智能制造转变。

中国制造业整体存在基础较为薄弱的情况,大多数企业仍以劳动密集型生产线为主,因此,在以《中国制造 2025》为指导、迈向智能制造的进程中,中国制造业重点需要解决装备升级的问题以及实现生产数字化。

工业机器人是机器人的一种,国际上不同的组织或协会对它有不同的定义,随着技术的发展,对它的定义又会有所变化。按照目前主流工业机器人的技术特点来归纳,其主要由操作机、控制器、伺服系统、检测传感装置及末端执行器等组成,是一种在生产线上能够按照指令要求实现高速、高精度、高强度的重复运动及工作的仿人机器设备,是中国制造业装备升级的主要产品,能够用于替代生产线上的高强度简单密集型劳动操作、恶劣环境下的劳动操作以及高精度的劳动操作,因此受到了现代企业的青睐。

从中国电子学会最新发布的《中国机器人产业发展报告(2019)》中得知,中国工业机器人市场规模将达到近 60 亿美元,因此,工业机器人将成为未来中国制造业生产线上的重要设备。目前,工业机器人市场被国外机器人企业所垄断,工业机器人市场占有率最高的"四大家族"为 FANUC(发那科)、KUKA(库卡)、YASKAWA(安川电机)和 ABB(艾波比),如图 1-5 所示。

FANUC　　　　　　ABB　　　　　　KUKA　　　　　　YASKAWA

图 1-5　工业机器人"四大家族"

2. 工业机器人的发展历程及应用

工业机器人的发展经历了多个重要时期,具体如图 1-6 所示,从 1956 年第一家机器人公司成立、1959 年世界上第一台工业机器人诞生至今,工业机器人先后经历了工业现场应用、六轴机器人面世、电动机驱动机器人诞生、六自由度机器人诞生和生产、计算机控制系统用于机器人以及智能化机器人应用等阶段,技术的不断革新使得工业机器人广泛应用于国民生产的各个领域,发挥着重要的作用。

| 1956年，世界上第一家机器人公司在美国成立 | 1959年，世界上第一台工业机器人诞生 | 1961年，世界上第一台工业机器人应用于工业现场 | 1973年，第一台机电六轴机器人面世 | 1979年，世界研制出第一台电动机驱动的工业机器人，告别液压驱动 | 1985年，世界上首个六自由度机器人产生 | 1996年，世界上第一台基于个人计算机的机器人控制系统问世 | 现今，工业机器人向人机协作、智能化方向发展 |

图 1-6　工业机器人的重要发展历程

思考与练习

一、填空题

1. 世界工业的发展有以下阶段：_____、_____、_____和_____。

2. 工业 1.0 时代又称为_____。

3. 工业 4.0 时代的概念包含了由_____向_____的基本模式的转变。

4. 工业 4.0 时代的项目主要分为三大主题：_____、_____和_____。

5. 工业机器人主要由_____、_____、_____、_____及_____等组成。

6. 工业机器人是一种在生产线上能够按照指令要求实现_____、_____、_____的重复运动及工作的仿人机器设备。

7. 工业机器人市场占有率最高的"四大家族"为_____、_____、_____和_____。

8. 国家提出了《中国制造 2025》战略规划，目的是使中国从制造业_____向制造业_____转变。

二、判断题

1. 1956 年世界上第一台工业机器人诞生。　　　　　　　　　　　　　　（　　）

2. 工业机器人能够用于替代生产线上的高强度简单密集型劳动操作、恶劣环境下的劳动操作以及高精度的劳动操作。　　　　　　　　　　　　　　　　　　（　　）

3. 工业 4.0 时代目标是建立一个高度灵活的个性化和产业化的产品与服务的生产模式。　　　　　　　　　　　　　　　　　　　　　　　　　　　　　　（　　）

4. 工业 3.0 时代是电气化与自动化时代。　　　　　　　　　　　　　　（　　）

5. 工业 4.0 时代项目主要分为三大主题，即智能工厂、智能生产、智能制造。（　　）

三、问答题

1. 工业机器人发展到现在经历了哪些时代？各有什么特点？

2. 哪些国家能够生产工业机器人？分别生产哪些品牌？

3. 为什么工业机器人在这几年得到快速推广？

任务 2 工业机器人的典型应用及分类

【能力目标】

熟练说出工业机器人的典型应用和分类。

【知识目标】

掌握工业机器人技术的特点、分类要点和选型方法。

【素质目标】

能够通过参阅资料对工业机器人进行灵活选型。

一、工业机器人的典型应用

工业机器人为什么会如此受到现代企业的青睐？它在企业中主要应用在哪些场合？接下来我们就来一起了解工业机器人在企业中的典型应用。

1. 机床上下料

在加工制造领域，需要将原料放入机床内加工，待加工完毕后，需要将加工完成后的产品放入存放架，这种操作工作简单烦琐，用人做浪费资源且增加成本，现在多数企业已经从人工操作改成工业机器人操作，大大提升了生产效率，且节约了人力资源成本。工业机器人在机床上下料方面的应用如图 1-7 所示。

图 1-7 工业机器人机床上下料应用

2. 在线工件检测

将元件在机床内完成高精度加工后，需要对加工的元件进行检测，传统方法是由人将元件拿到相应机器中进行检测，而引入工业机器人后，该检测工序可通过使用工业机器人将加工好的元件放入相应的检测装置进行检测，具体如图 1-8 所示。

3. 码垛

如图 1-9 所示，工业机器人码垛应用是用工业机器人将多个物品按照特定的要求进行

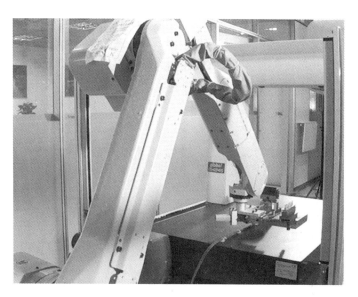

图 1-8 工业机器人在线工件检测应用

摆放,摆放完成后由执行机构放到下一道工序中。在码垛应用中,所需要摆放的物品通常大而重,轻则几十公斤,重则上百公斤,因此,在码垛工序中引入抓取重量大的工业机器人代替人工,既可减轻人的劳动强度,也可大大提升工作效率。目前,大型工业机器人手腕抓取重量可超过 2000 公斤。

图 1-9 工业机器人码垛应用

4. 视觉分拣

工业机器人的视觉分拣应用如图 1-10 所示。视觉分拣应用是工业机器人近年来非常热门的应用。这一应用的工作原理是,通过将视觉系统与工业机器人进行连接,将视觉系统检测出来的结果发送给工业机器人,由工业机器人根据检测结果执行分拣任务,视觉系统充当了工业机器人的眼睛。利用工业机器人进行视觉分拣主要应用于待分拣物件较小、较轻的场合。

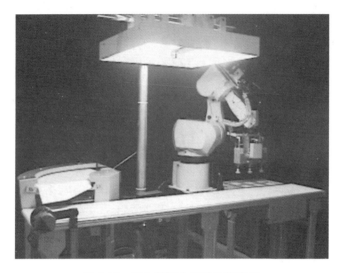

图 1-10 工业机器人视觉分拣应用

5. 装配

如图 1-11 所示,工业机器人装配操作是将特定的元件装入特定的位置,目前在电子行业应用得较为普遍,也可用于较为简单的机械装配。电子行业的装配需要精确且速度快,因此往往使用专用的并联机器人。

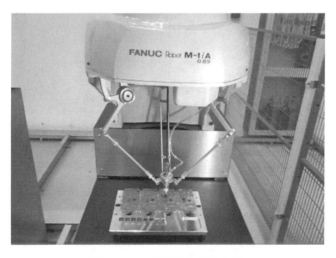

图 1-11 工业机器人装配应用

6. 焊接

工业机器人焊接应用如图 1-12 所示,这是工业机器人的一种典型应用,主要有点焊和弧焊两种,其中点焊主要应用于汽车行业的生产过程,而弧焊的应用面则较广。因为焊接工作环境较为恶劣,很少有人愿意从事该工作,因此,工业机器人技术成熟后便被迅速地应用于各类焊接领域中。

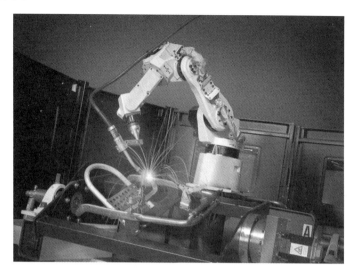

图 1-12 工业机器人焊接应用

随着工业机器人技术的不断发展,工业机器人的功能也会越来越强大,应用面也会越来越广,工业机器人技术作为《中国制造 2025》战略实施的关键技术,必将越来越广泛地应用于制造业的各个领域。

二、工业机器人的分类、组成及基本参数

1. 工业机器人的分类

工业机器人厂家会根据不同的应用场合针对性地设计出相应的工业机器人。关于工业机器人分类,国际上没有制定统一的标准,可按负载重量、控制方式、自由度、结构、应用领域等进行划分。以下是两种常见的分类方式。

1)按技术等级划分

(1)示教再现机器人。该类机器人又称第一代工业机器人,其能够按照人类预先示教的轨迹、行为、顺序和速度重复作业,示教可由操作员手把手进行或通过示教器完成,如图 1-13 所示。现在普遍使用的工业机器人多为此类。

(a)操作员手把手示教   (b)示教器示教

图 1-13 示教再现机器人的示教过程

（2）感知机器人。该类机器人又称第二代工业机器人，它具有环境感知装置，能在一定程度上适应环境的变化，目前感知机器人中使用最普遍的是配置有视觉系统的视觉感知机器人，如图 1-14 所示。此类机器人目前也逐步进入应用阶段。

（3）智能机器人。该类机器人（见图 1-15）又称第三代工业机器人，它具有发现问题并且自主解决问题的能力，尚处于实验研究及试用阶段。此类机器人融合了人工智能、大数据等先进技术，能够实现人机协同作业，是未来工业机器人的发展方向。

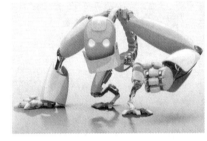
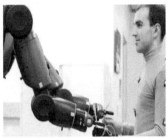

图 1-14　视觉感知机器人　　　　　　　图 1-15　智能机器人

2）按应用划分

按工业机器人的不同应用，可将工业机器人分为搬运机器人、涂胶机器人、码垛机器人、焊接机器人、装配机器人等。

2.工业机器人系统的组成

一套典型的工业机器人系统主要由操作机、驱动系统、控制系统及控制柜、示教器以及可更换的末端执行器五部分组成，如图 1-16 所示。

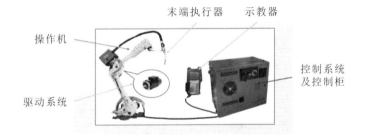

图 1-16　工业机器人系统的组成

1）操作机

操作机也称工业机器人的本体，是工业机器人的机械主体，是用来完成各种作业的执行机械，如图 1-17 所示。工业机器人普遍采用关节型结构，有类似人体腰、肩和腕等的仿生结构，当今主流的工业机器人由 6 个可以活动的关节组成，我们将这种工业机器人称为六自由度机器人。

2）驱动系统

驱动系统是工业机器人的核心组成部分，其核心设备如图 1-18 所示。当今主流的工业机器人每个关节轴都由伺服电动机和减速器组成驱动系统进行驱动。工业机器人之所以能够快速移动、精确定位，靠的就是驱动系统。驱动系统中伺服电动机由定子、转子和脉冲编码器构成；减速器主要有 RV 减速器和谐波减速器两种。

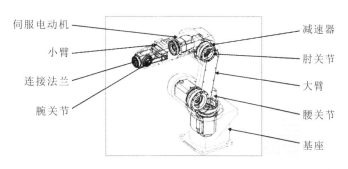

图 1-17 工业机器人操作机

(a) 伺服电动机

(b) RV减速器

(c) 谐波减速器

图 1-18 工业机器人驱动系统的核心设备

3）控制系统及控制柜

控制系统是工业机器人的"大脑"，它通过各种控制电路和控制软件的结合来操纵工业机器人，并协调工业机器人与生产系统中其他设备的关系。控制系统集成在工业机器人的控制柜里面，控制柜里面包含工业机器人的 CPU、主板、内存、控制接口以及各种板卡，还有伺服系统的驱动电路以及工业机器人的制动电路等，可以说，整个工业机器人系统的控制核心都集成在控制柜里面。控制柜如图 1-19 所示。

图 1-19 工业机器人控制柜

3. 工业机器人的主要技术参数

在选用工业机器人的时候需要考虑工业机器人的参数，具体可参照工业机器人的产品手册。

例如，FANUC M-10iA 系列机器人的参数如表 1-1 所示。

表 1-1　FANUC M-10*i*A 系列机器人的参数

项　目		规　格		
		M-10*i*A/12S	M-10*i*A/12	M-10*i*A/7L
控制轴数		6 轴(J1、J2、J3、J4、J5、J6)		
工作半径		1098 mm	1420 mm	1632 mm
安装方式		地面安装、顶吊安装、倾斜角安装		
动作范围(最高速度)	J1 轴回转	340°/360°(选项) (260°/s) 5.93 rad/6.28 rad(选项) (4.54 rad/s)	340°/360°(选项) (230°/s) 5.93 rad/6.28 rad(选项) (4.01 rad/s)	
	J2 轴回转	250°(280°/s) 4.36 rad(4.89 rad/s)	250°(225°/s) 4.36 rad(3.93 rad/s)	
	J3 轴回转	340°(315°/s) 5.93 rad(5.50 rad/s)	445°(230°/s) 7.76 rad(4.01 rad/s)	447°(230°/s) 7.80 rad(4.01 rad/s)
	J4 轴手腕旋转	380°(430°/s) 6.63 rad(7.50 rad/s)		
	J5 轴手腕旋转	380°(430°/s) 6.63 rad(7.50 rad/s)		
	J6 轴手腕旋转	720°(630°/s) 12.57 rad(11.0 rad/s)		
手腕部可搬运质量		12 kg		7 kg
手腕允许负载转矩	J4 轴	22.0 N·m		15.7 N·m
	J5 轴	22.0 N·m		10.1 N·m
	J6 轴	9.8 N·m		5.9 N·m
手腕允许负载转动惯量	J4 轴	0.65 km·m²		0.63 km·m²
	J5 轴	0.65 km·m²		0.38 km·m²
	J6 轴	0.17 km·m²		0.061 km·m²
重复定位精度		±0.05 mm	±0.08 mm	
机器人质量		130 kg		135 kg
安装条件		环境温度:0~45 ℃ 环境湿度:通常在 75%RH 以下(无结露现象),短期 95%RH 以下(1 个月之内) 振动加速度:4.9 m/s² 以下		

工业机器人的主要技术参数是轴数、工作半径、动作范围(最高速度)、手腕部可搬运质量、重复定位精度等。

(1)轴数。轴数代表着工业机器人的自由度,当今主流的工业机器人为六轴机器人,也有些专用的工业机器人轴数是小于 6 的。我们可以理解为,轴数越多,工业机器人就越灵活,控制的角度和范围就越大。用户可根据需要选择适合的工业机器人。

(2)工作半径。工作半径代表着工业机器人能够工作的最大距离,因此,在进行系统设计时,要充分考虑此参数来设计工业机器人的工作点。

(3)动作范围(最高速度)。此参数代表着工业机器人各轴的最大旋转角速度,各轴的最大旋转角速度越大,则工业机器人的动作速度就越快,动作范围就越大。工业机器人多数情况下是各轴联动进行工作的,各轴的速度越快、动作范围越大,联动后的动作速度也会越快,动作范围也会越大。

(4)手腕部可搬运质量。该参数代表着工业机器人末端能够承载的最大重量,在进行工业机器人设计时,既要考虑装在末端的工具质量,也要考虑工业机器人模块工具及其夹持负载的质量,不能大于手腕部可搬运质量。

(5)重复定位精度。此参数可以被描述为工业机器人完成例行工作任务时每一次到达同一位置的能力,重复定位精度越低,工业机器人的运动精度越高。

思考与练习

一、填空题

1.工业机器人焊接应用主要有_____和_____两种。

2.工业机器人可按_____、_____、_____、_____、_____等进行划分。

3.工业机器人按技术等级可划分为_____、_____和_____。

4.工业机器人按应用可划分为_____、_____、_____、_____、_____等。

5.当今主流的工业机器人由_____个可以活动的关节组成。

6.当今主流的工业机器人每个关节轴都由_____和_____组成驱动系统进行驱动。

7.伺服电动机由_____、_____和_____构成。

8.控制系统是工业机器人的"大脑",它通过各种_____和_____的结合来操纵工业机器人,并协调工业机器人与生产系统中其他设备的关系。

9.工业机器人的主要技术参数是_____、_____、_____、手腕部可搬运质量、_____等。

10.在进行系统设计时,要充分参考_____来设计工业机器人工作点,不可超出范围。

二、判断题

1.示教只能由操作员手把手进行。　　　　　　　　　　　　　　　　　(　　)

2.感知机器人中目前使用最普遍的是配置有视觉系统的视觉感知机器人。　(　　)

3.感知机器人是未来工业机器人的发展方向。　　　　　　　　　　　　(　　)

4.控制柜是工业机器人的机械主体,是用来完成各种作业的执行机械。　(　　)

5.工业机器人减速器主要有RV减速器和齿轮减速器两种。　　　　　　(　　)

6.轴数代表着工业机器人的自由度,当今主流的工业机器人为四轴机器人。(　　)

7.重复定位精度越低,工业机器人的运动精度越低。　　　　　　　　　(　　)

8.搬运工作站可以实现装配功能。　　　　　　　　　　　　　　　　　(　　)

工业机器人硬件系统的认知和简单调试

前面的内容中,我们已经了解了工业机器人的发展、技术特点以及工业机器人系统的组成,接下来就来详细学习工业机器人硬件系统的组成及具体作用,并了解简单调试工业机器人系统的方法和步骤。

◀ 任务 1　安全系统的运行及组成原理 ▶

【能力目标】

熟练说出安全系统中各种开关和检测器件的作用和应用场合;组建工业机器人的安全系统。

【知识目标】

掌握安全系统的运行原理和故障的处理方法及步骤。

【素质目标】

养成按照安全操作规范使用工业机器人的习惯。

一、工业机器人培训现场安全设施

(1) 安全警示,如图 2-1 所示。

图 2-1　安全警示

(2) 实训室制度,如图 2-2 所示。

(3) 安全防护用具。每个工业机器人工作站应配有安全帽。按每个工作站最多 3 人同时训练的要求,每个工作站配有 3 个安全帽,学员应按要求佩戴安全帽进行训练、学习,如图 2-3 所示。

机器人基础实训室管理制度

①参加机器人基础操作培训学员必须穿戴工作服、劳保鞋、安全帽、违反规定者不允许进入培训场地。

②机器人练习工位的设备设施必须定点存放、摆放整齐，严禁将工位内设备设施私自带出使用，未学习掌握的设备设施不得乱动乱调；出现故障或者损坏应及时向指导老师反映，不得私自处理，否则造成严重后果的由学员自行负责赔偿。

③机器人作业为带电作业，无论训练与实际应用过程中，都应注意安全第一，做好安全保护及物品管理，严格遵守各项规章制度。

④机器人误操作极易造成安全事故，必须严格按照指导老师的指示操作，仅可在指定的工位，指定项目操作，不得自行改变培训内容。如违反规定造成设备损坏的，必须照价赔偿，并给予相应的处分，如果故意损坏设备设施或者有偷盗行为的，送有关部分严肃处理。

⑤设备操作必须按照正确的流程进行，学员可以相互提醒或监督，但须注意不得无故干扰操作者，应保证每个学员都可以独立完成相关操作。

⑥机器人基础操作培训工位严禁喧哗、打闹、玩手机，尽量保持安静。培训期间应将手机设置为静音。

⑦爱护公物，保持场地工位卫生。操作介绍后自觉打扫场地卫生。

⑧禁止乱丢纸屑、杂物，禁止带食物、饮料等进入工位，禁止吸烟、吃零食等。

⑨自觉维护场地安全，防火防盗，遵守次序。操作介绍后注意关闭电源，保护气，压缩空气及门窗，放好材料及工具用具。

图 2-2 实训室制度

图 2-3 安全防护用具及使用

进行工业机器人的操作、编程、维护时，作业人员必须至少佩戴以下安全用具：① 适合于作业内容的工作服；② 安全鞋；③ 安全帽；④ 跟作业内容及环境相关的必备的其他安全装备（如防护眼镜、防毒面具等）。

（4）安全围栏，如图 2-4 所示，应满足要求：① 安全围栏高度为 1.8 m，能够抵挡可预见的操作及周围的冲击；② 没有锋利的边缘，不能成为危险源；③ 能够阻止人员绕过互锁设备进入保护区域；④ 位置固定，需借助工具才能移动；⑤ 不妨碍对工业机器人工作过程进行查看；⑥ 在工业机器人最大运动范围之外留有足够的距离；⑦ 要接地。

（5）安全器件及报警代码，如图 2-5 所示。

图 2-4　安全围栏

报警代码：SRVO-007　　　报警代码：SRVO-007　　　报警代码：SRVO-002

安全门外部急停按钮　　　操作台外部急停按钮　　　示教器急停按钮

培训操作区示意图

操作面板急停按钮　　　传送带急停按钮　　　安全围栏

报警代码：SRVO-001　　　报警代码：SRVO-007

自动模式时，安全门未关闭，报警代码：SRVO-004

图 2-5　安全器件及报警代码

（6）安全门，如图 2-6 所示，应满足以下要求：① 除非安全门关闭，否则工业机器人不能自动运行；② 安全门关闭不能重新启动自动运行；③ 人员进入工作区域时，可使用安全门门挡，使安全门无法关闭；④ 可利用安全插销和插槽实现互锁。

(a)安全门锁　　　　　　　　(b)安全插销　　　　　　　　(c)安全门门挡

图 2-6　安全门

使用互锁装置时，带保护闸的防护装置应该使安全门在危险发生前一直保持关闭状态，在工业机器人处于运行状态的时候打开安全门就会发送一个停止或急停信号。

（7）电缆走线。电缆走线应规范，并加线槽和盖板，走廊、过道内不铺设电缆线，如图 2-7 所示。

（8）塔灯，可以有效反映工业机器人系统当前状态，如图 2-8 所示。

图 2-7　电缆走线　　　　　　　　　　　图 2-8　塔灯

二、单元安全性分析

1. 急停操作的安全防护

（1）手动和自动模式下，所有急停按钮均有效，包括控制柜面板急停按钮、示教器急停按钮、外部急停按钮和系统急停按钮。

（2）在紧急情况下，及时按下急停按钮，工业机器人将立即停止动作，发出警报，并在示教器上显示相应报警代码。

2. 手动模式下的安全防护

（1）安全门上安全门锁的钥匙由教师管理，当学员需进入工作区域时，由教师开门。

（2）人员必须佩戴安全帽方可进入工作区域进行操作。

（3）当安全门打开，并有人员进入工业机器人工作区域时，系统输入信号UI[3]（安全速度信号）断开，将工业机器人的运行速度倍率限制在30%以下；进入人员应使用安全门门挡，使安全门无法关闭。

（4）将工业机器人的正常运行速度倍率限制在50%以下。

3. 自动模式下的安全防护

（1）若安全门没有关闭，则工业机器人不能开始自动运行；自动运行前，应将安全门关闭并上锁，钥匙由实训指导教师保管。

（2）在工业机器人运行过程中，一旦有人或物体进入防护光栅区域，工业机器人将停止动作，示教器上显示报警"SRVO-004 防护栅打开"。

（3）当安全门被打开时，工业机器人将停止动作，示教器上显示报警"SRVO-030 制动器作用停止"及"SYST-033 UOP的SFSPD信号丢失"。直至安全门关闭，UI[3]（安全速度信号）自动恢复正常，并手动消除报警，方可重新发送启动信号，开始运行程序。

三、不可使用FANUC机器人的场合

以下7种场合不可使用FANUC机器人：① 易燃；② 有爆炸可能；③ 有无线电干扰；④ 水中或高湿度环境；⑤ 以运输人或动物为目的；⑥ 攀附；⑦ 其他与FANUC推荐的安装及使用条件不一致的场合。

四、操作人员的安全操作权限

各操作人员权限如表2-1所示。

表2-1　操作人员的操作内容与权限

操 作 内 容	操 作 权 限		
	操作员	编程、示教人员	维护人员
打开或关闭控制柜电源	√	√	√
选择操作模式（AUTO、T1、T2）	—	√	√
选择Remote/Local模式	—	√	√
用示教器（TP）选择工业机器人程序	—	√	√
用外部设备选择工业机器人程序	—	√	√
在操作面板上启动工业机器人程序	√	√	√
用示教器（TP）启动工业机器人程序	—	√	√
在操作面板上复位报警	—	√	√
用示教器（TP）复位报警	√	√	√
在示教器（TP）上设置数据	√	√	—
用示教器（TP）示教	—	√	—
在操作面板上紧急停止	—	√	√
用示教器（TP）紧急停止	—	√	√

续表

操 作 内 容	操 作 权 限		
	操作员	编程、示教人员	维护人员
打开安全门紧急停止	—	√	√
操作面板的维护	—	√	—
示教器(TP)的维护	—	—	√

1. 现场操作员主要权限

(1) 打开或关闭控制柜电源。

(2) 在操作面板上启动工业机器人程序。

2. 编程人员主要权限

(1) 操作工业机器人。

(2) 在安全栅栏内进行工业机器人的示教、外围设备的调试等。

3. 设备维护人员主要权限

(1) 操作工业机器人。

(2) 在安全栅栏内进行工业机器人的示教、外围设备的调试等。

(3) 进行维护(修理、调整、更换)作业。

注意:

(1) 操作员不能在安全栅栏内作业。

(2) 编程人员、示教操作人员及设备维护人员可在安全栅栏内作业(安全栅栏内的作业包括移机、设置、示教、调整、维护等)。

(3) 要在安全栅栏内作业的人员,必须接受规定的关于 FANUC 机器人的专业培训。

(4) 应在断开控制装置电源的状态下进行检修或维修作业。

思考与练习

一、填空题

1.进行工业机器人的_____、_____、_____时,作业人员必须佩戴安全用具。

2.安全围栏高度为_____ m。

3._____应该使安全门在危险发生前一直保持关闭状态。

4.工作站的急停按钮包括_____急停按钮、_____急停按钮、_____急停按钮和_____急停按钮。

5.当安全门打开,并有人员进入工业机器人工作区域时,工业机器人的运行速度倍率被限制在_____以下。

6.在工业机器人运行过程中,一旦有人或物体进入防护光栅区域,工业机器人将停止动作,示教器上显示报警代码_____,表示防护栅打开。

7. 当安全门被打开时,工业机器人将停止动作,并在示教器上显示报警代码_____(制动器作用停止)及_____(UOP 的 SFSPD 信号丢失)。

8. 应在断开控制装置电源的状态下进行_____或_____作业。

9. 跟作业内容及环境相关的必备其他安全装备有_____、_____等。

10. 在工业机器人处于运行状态的时候打开安全门就会发送一个_____或_____信号。

11. 人员进入工作区域时,必须佩戴_____。

12. 现场操作员权限包括打开或关闭控制柜电源和_____。

二、判断题

1. 工业机器人可以应用于无线电干扰的环境下。 （   ）

2. 工作站运行时人员可以随意进出工作站防干涉区域。 （   ）

3. 若将工业机器人应用于不当的环境中,可能会导致工业机器人损坏,甚至还可能会对操作人员和现场其他人员的生命财产安全造成严重威胁。 （   ）

4. 下肢无裸露违反了操作工业机器人的规范。 （   ）

5. 将工业机器人的正常运行速度倍率限制在 30% 以下。 （   ）

6. 用户必须按照系统配置的要求准备安全装置、安全门和互锁装置。 （   ）

三、问答题

1. 安全围栏应满足什么要求?

2. 安全门应该满足什么要求?

3. 不可以使用 FANUC 机器人的场合有哪些?

4. 试述各类操作人员的安全操作权限。

◀ 任务2　本体、控制柜和示教器 ▶

【能力目标】

熟悉工业机器人本体、控制柜和示教器的组成;正确识别、合理选择工业机器人的控制柜。

【知识目标】

掌握工业机器人本体的组成及原理;掌握示教器的功能和作用。

【素质目标】

养成按照安全操作规范使用工业机器人的习惯。

一个典型的工业机器人系统主要由软件系统和硬件系统组成。其中,硬件系统主要由本体、控制柜、示教器及外部硬件设备(包括手爪、焊枪、传送带等)组成,如图2-9所示。

软件系统配置在控制柜内,可根据具体应用行业和控制柜内所配置的扩展卡件自行选择所要配置的系统软件,系统软件一般由厂家派出工程师根据客户需求进行安装。

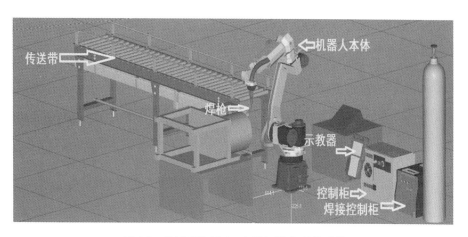

图 2-9　FANUC M-10iA 型机器人硬件系统

一、本体的认知

当今主流的工业机器人由 6 个自由度组成,俗称六轴机器人,该机器人的每个轴都由单独一套伺服电动机系统配合减速器进行控制,而每个轴的运动方式和运动行程因厂家、型号不同而各有特点。工业机器人的参数需要查看具体的产品手册。以 FANUC M-10iA/12 型机器人为例,其本体上 6 个轴的分布和各轴运动方向如图 2-10 所示。该机器人的 6 个轴分布在机器人的本体上,各个轴可以独立动作,也可以多轴联动,系统会根据程序对于动作的要求以及动作的位置驱动机器人各轴动作,最终实现控制要求。

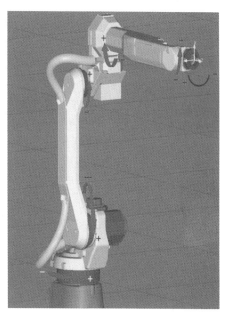

图 2-10　FANUC M-10iA/12 型机器人本体

1. 伺服系统

伺服系统主要由伺服驱动电路、交流伺服电动机、检测机构组成,其中,装在本体上的主要为交流伺服电动机,由抱闸单元、交流伺服电动机本体和绝对值脉冲编码器组成,如图 2-11 所示,而伺服驱动电路装在工业机器人控制柜内。伺服系统能够实现由闭环控制方式达到一个机械系统要求的位置,并能够对扭矩、速度或加速度进行控制,是工业机器人系统中的执行单元,能够把上位控制器的控制信号转换成电动机轴上的角位移或角速度输出。工业机器人各轴之所以能够精确地运动,是因为每个轴都有一套伺服电动机进行控制,由绝对值旋转编码器将位置信息反馈给伺服系统进行位置闭环控制,其控制原理如图 2-12 所示。

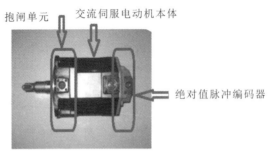

图 2-11 交流伺服电动机的组成

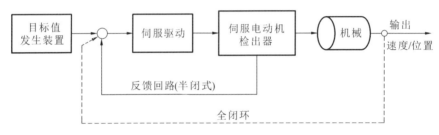

图 2-12 伺服系统控制原理

2. 减速器

工业机器人一般使用精密减速器。精密减速器是一种精密的动力传达机构,它利用齿轮的速度转换器,将电动机的回转数降低到所要的回转数,从而降低转速,增加转矩,得到较大转矩。精密减速器是工业机器人最重要的零部件,工业机器人运动的核心部件——关节就是由它和伺服系统构成的,每个关节都要用到不同的减速器产品。

目前应用于工业机器人领域的减速器主要有两种,一种是 RV 减速器,另一种是谐波减速器,如图 2-13 所示,一般将 RV 减速器放置在机座、大臂、肩部等重负载的位置,而将谐波减速器放置在小臂、腕部或手部等轻负载的位置。对于高精度机器人减速器,日本具备绝对领先优势,目前全球机器人行业 75% 的精密减速器被日本的纳博斯特克(Nabtesco)和哈默纳科(HarmonicDrive)两家承包,ABB、FANUC、KUKA 等国际主流机器人厂商的减速器均由上述两家公司提供,其中哈默纳科在工业机器人关节领域有 15% 的市场占有率,纳博斯特克的市场占有率高达 60%。

二、控制柜的认知

工业机器人控制柜是根据指令及传感信息控制工业机器人完成一定动作或作业任务的装置,是决定工业机器人功能和性能的主要因素,是工业机器人系统的核心,也是工业机器人系统中更新和发展最快的部分,其基本功能有示教、记忆、位置伺服、坐标设定、与外围设备联系、作为传感器接口、故障诊断、安全保护等。控制柜内的控制器由硬件系统和软件系统组成。

(a)RV减速器　　　　　　　　　　　　　(b)谐波减速器

图 2-13　减速器

以 FANUC 机器人为例,控制柜柜体有 3 种类型,分别是 A 型、B 型和 Mate 型,柜体里根据应用和负载由厂家给出标准配置,柜体配置确定后,可根据实际情况和功能进行相对应的硬件扩展和改造。工业机器人控制柜硬件单元通常由以下部分组成:① 操作面板及其电路板(operate panel);② 主板(main board);③ I/O 板(I/O board);④ 紧急停止单元(E-stop unit);⑤ 伺服放大器(servo amplifier)。

1. A 型控制柜的特点和应用场合

A 型控制柜如图 2-14 所示,内部空间适中,在需要追加附加轴、地面行走轴和一定数量卡件时可配置此类型控制柜。

图 2-14　FANUC 机器人 A 型控制柜

2. B 型控制柜的特点和应用场合

B 型控制柜如图 2-15 所示,内部空间较大,除可满足追加附加轴、地面行走轴和一定数量卡件外,还有空间扩展多种模块和放置第三模块(如电源模块、第三方通信模块、继电器等),该类型控制柜防尘等级较高,散热好,适用于环境较差的场合。

图 2-15　FANUC 机器人 B 型控制柜

3. Mate 型控制柜的特点和应用场合

Mate 型控制柜如图 2-16 所示，为紧凑型控制柜，标准配置无法追加附加轴，卡件扩展数量有限，通常在此类型控制柜内无法进行二次改造和扩展。

图 2-16　FANUC 机器人 Mate 型控制柜

三、示教器的功能及组成

示教器（teach pendant，简称 TP）是应用工具软件与用户之间实现交互的操作装置，通过电缆与控制装置连接。示教器的作用是移动工业机器人，编写工业机器人程序，试运行程序，设置工业机器人参数，进行生产运行，查看工业机器人状态（I/O 设置、工业机器人位置信息等）及手动运行工业机器人。

示教器是调试工业机器人时用到的主要工具，是现场调试必不可少的工具。

1. FANUC 机器人示教器的种类

FANUC 机器人示教器分为单色、彩色两种。单色为旧款示教器，已较为少用；彩色示教器分为按键版和触摸屏版。FANUC 机器人彩色示教器如图 2-17 所示，后续内容将以当前应用得最广的按键版为例。

2. 示教器的组成

FANUC 机器人示教器的组成如图 2-18 所示。示教器的正面主要分布着使能开关、紧急停止按钮（急停开关）、液晶显示屏及操作按键。其中，使能开关有"ON"和"OFF"两个挡位，打到"ON"挡时，示教器可以在手动模式下工作，打到"OFF"挡时，手动运行功能无效。

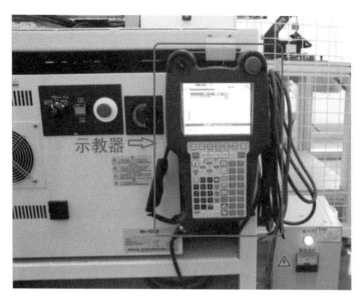

图 2-17 FANUC 机器人彩色示教器

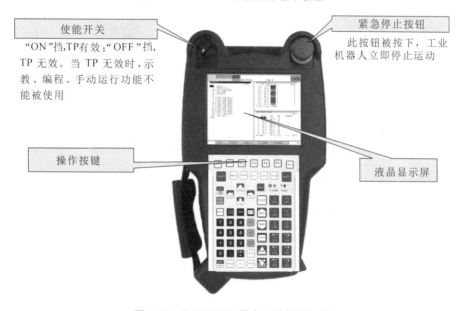

图 2-18 FANUC 机器人示教器的组成

示教器上的紧急停止按钮(急停开关)主要用于调试过程中发生紧急情况时;在工业机器人停止时,为了安全起见,也可按下示教器上的急停开关。

液晶显示屏用于显示示教器和工业机器人的编程及各功能界面,是人机交互的工具,具体界面如图 2-19 所示。

操作按键有特定的功能,各按键的分布和具体功能如图 2-20 所示,后续章节中涉及相应操作键使用时会进行详细介绍。

示教器背面有两个黄色的"DEADMAN"开关,如图 2-21 所示,其作用是在手动模式下移动工业机器人,开关有 3 个挡位,分别是上、中、下三挡,开关在中挡的时候有效。这个设计主要是考虑到人在调试工业机器人遇到危险情况时的本能反应(紧张时人的正常反应是

运行状态信息
指示

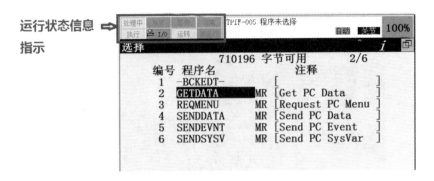

图 2-19　FANUC 机器人液晶显示屏界面

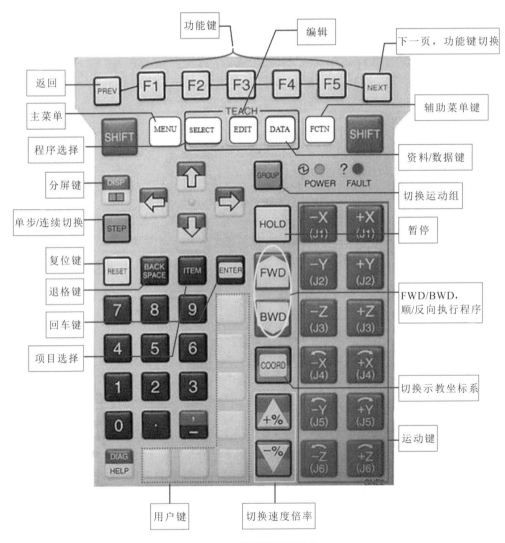

图 2-20　示教器操作按键分布

握紧手上的开关或者松开手上的开关)，使工业机器人立即停止动作。有两个"DEAD-MAN"开关是考虑到人的左右手使用习惯。

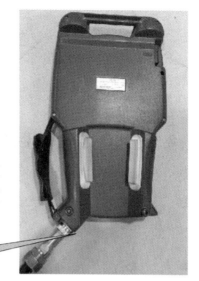

当TP有效时，只有"DEADMAN"开关被按到适中位置，工业机器人才能运动，一旦松开或按紧"DEADMAN"开关，工业机器人立即停止运动并报警

"DEADMAN"开关

图 2-21　示教器背面的"DEADMAN"开关

思考与练习

一、填空题

1. 一个典型的工业机器人系统主要由_____和_____组成。

2. 当今主流的工业机器人由_____个自由度组成，俗称六轴机器人。

3. 伺服系统主要由_____、_____、_____组成。

4. 伺服系统能够把上位控制器的控制信号转换成电动机轴上的_____或_____输出。

5. 交流伺服电动机由_____、_____和_____组成。

6. 目前应用于工业机器人领域的减速器主要有两种，一种是_____，另一种是_____。

7. _____是根据指令及传感信息控制工业机器人完成一定动作或作业任务的装置。

8. FANUC 机器人示教器分为_____、_____两种。

9. 示教器打到_____挡位时，可以在手动模式下工作；打到_____挡位时，手动运行功能无效。

10. _____是调试工业机器人时用到的主要工具。

二、判断题

1. 伺服驱动电路装在工业机器人本体内。　　　　　　　　　　　　　　　（　　）

2. 伺服系统能够实现开环控制。　　　　　　　　　　　　　　　　　　　（　　）

3. 一般将谐波减速器放置在机座、大臂、肩部等重负载的位置，而将 RV 减速器放置在小臂、腕部或手部等轻负载的位置。　　　　　　　　　　　　　　　　　（　　）

4. 工业机器人本体是工业机器人系统的核心。　　　　　　　　　　　　　（　　）

5. 控制器由硬件系统和软件系统组成。　　　　　　　　　　　　　　　　（　　）

6. A 型控制柜防尘等级较高，散热好，适用于环境较差的场合。　　　　　（　　）

7. 示教器上的急停开关主要用于运行过程中发生紧急情况时。　　　　　　（　　）

三、问答题

1.分别说明 A 型、B 型、Mate 型控制柜的特点及应用场合。

2.工业机器人控制柜硬件单元通常由哪几个部分组成?

3.示教器的作用是什么?

4.示教器背面的两个"DEADMAN"开关有什么作用?

◀ 任务 3　本体接口的作用及连接 ▶

【能力目标】

正确连接 EE 接口;正确拆装 RMP 接口。

【知识目标】

了解气路接口的分布;掌握 EE 接口作用及定义;掌握 RMP 接口的分布和作用。

【素质目标】

培养严谨的工作作风,具有一定的拆装机械及电气设备的能力。

前面我们已经对工业机器人的分类及系统的组成进行了学习,对工业机器人有了初步的了解。但是,工业机器人不是单独工作的,而是需要和外部的设备组成一个完整的系统共同工作,因此,工业机器人都会配置各种接口用于与外部设备进行连接。

一、EE 接口的作用及接口定义

EE 接口为 FANUC M-10iA/12 型机器人本体上的数字量 I/O 接口和电源输出接口,其在机器人上的位置以及接口的样式如图 2-22 所示。EE 接口的作用是为装在工业机器人本体上的设备提供数字量 I/O 电气接线接口,并提供 24 V 控制电源。图 2-22 中机器人本体上额外装了个白色的箱子,该箱子用于装载气阀和相应的继电器,EE 接口为这些气动装置提供控制接口和电源,以达到工艺要求的气路控制。

图 2-22　EE 接口

EE 接口的接口定义如图 2-23 所示,我们可以看到,该接口主要分布着工业机器人的数字量 I/O 通道,还有工业机器人本体自带的 24 V 电源。该款机器人本体上的数字量输入口用 RIX 表示,数字量输出口用 ROX 表示,分别有 8 个数字量输入口和 8 个数字量输出口。

4	3	2	1		
RO4	RO3	RO2	RO1		

9	8	7	6	5	
RI1	OV(A1)	XHBK	RO6	RO5	

15	14	13	12	11	10
RI5	XPPABN	RI8	RI4	RI3	RI2

20	19	18	17	16	
24VF(A4)	24VF(A3)	24VF(A2)	24VF(A1)	RI6	

24	23	22	21		
RI7	OV(A2)	RO8	RO7		

图 2-23　EE 接口的接口定义图

EE 接口为插针式接口,接口上相应的阿拉伯数字就是对应原理图上的针脚,在使用的时候根据需要选择对应的针脚,然后将信号线焊接到对应的针脚上引出即可。

进行调试时,可以在手动模式下,打开工业机器人示教器上的机器人接口界面,手动地控制或者监控工业机器人本体上的数字量 I/O。在示教器上完成电气接线后可以通过示教器监控这些接口的状态,监控界面如图 2-24 所示。

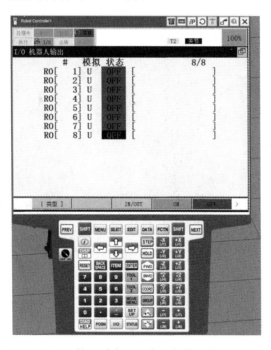

图 2-24　EE 接口对应 I/O 在示教器上的监控界面

举个例子,如图 2-25 所示为通过 EE 接口实现气路控制的原理图,数字量压力表接入的是 EE 接口的第 9 针,通过对比接口定义图,可知其信号接入了 RI1 通道,我们可以通过该通道的信号读取数字压力表的信号,然后通过程序对工业机器人进行控制。

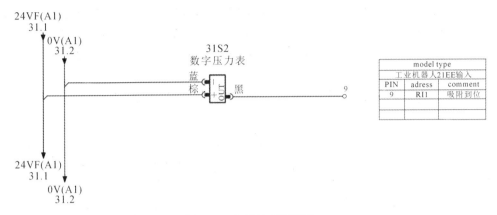

model type		
工业机器人21EE输入		
PIN	adress	comment
9	RI1	吸附到位

图 2-25　气路控制原理图

二、RMP 接口的分布和作用

RMP 接口（见图 2-26）为工业机器人本体与控制柜系统连接的电气接口，工业机器人本体上伺服电动机的电源线和控制线、编码器的电源线和信号线等都通过该接口接入工业机器人的本体设备。该接口也为插针式，具体的接口定义需要参看厂家提供的手册和资料。想要将接口的公头和母头分开，需要将外部的两个金属卡扣往工业机器人本体方向拨开。

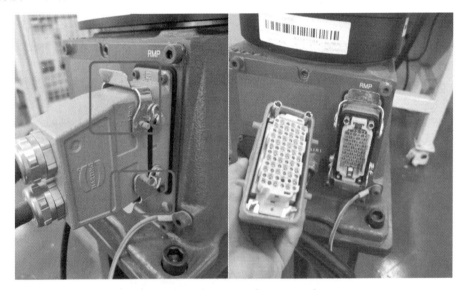

图 2-26　RMP 接口

三、气路接口的分布和作用

FANUC M-10iA/12 型机器人有一对气路接口（见图 2-27），分别是在 RMP 接口旁的 AIR1 接口和在 EE 接口旁的 AIR2 接口，外部气源通过 AIR1 接口接入机器人，通过 AIR2 接口接出机器人，因为机器人的外部工具主要接在机器人的第 6 轴上，如此布置可避免气管在机器人上缠绕影响机器人动作。

图 2-27　气路接口

思考与练习

一、填空题

1.EE 接口为 FANUC M-10iA/12 型机器人本体上的_____接口和_____接口。

2.工业机器人 EE 接口分别有_____个数字量输入口和_____个数字量输出口。

3._____接口为工业机器人本体与控制柜系统连接的电气接口。

4.FANUC M-10iA/12 型机器人有一对气路接口,分别是在 RMP 接口旁的_____接口和在 EE 接口旁的_____接口。

二、判断题

1.EE 接口的作用是为装在工业机器人本体上的设备提供数字量 I/O 电气接线接口,并提供交流 220V 控制电源。　　　　　　　　　　　　　　　　　　　　（　　）

2.工业机器人本体上伺服电动机的电源线和控制线、编码器的电源线和信号线等都通过 EE 接口接入工业机器人的本体设备。　　　　　　　　　　　　　　　（　　）

三、问答题

1.画出 EE 接口气路控制原理图。

2.简述 EE 接口的作用。

3.RMP 电气接口所连接的内容包括什么?

◀ 任务 4　基本坐标系 ▶

【能力目标】

使用示教器移动工业机器人。

【知识目标】

了解 FANUC 机器人坐标系的种类;掌握坐标系的功能和作用;掌握使用示教器移动工业机器人的方法。

【素质目标】

培养独立学习、探索知识的能力,具有查阅资料能力,能与他人沟通协调。

前面我们已经学习了工业机器人的发展、分类、基本结构,对工业机器人有了初步了解,知道工业机器人是一种能够灵活且精确运动的智能设备,其主要功能是能够在特定场合进行精密运动和工作。工业机器人实现精密运动要在特定的坐标系下完成,这样工业机器人才能知道自己的运动位置和运动方向。目前主流的工业机器人都是使用绝对值编码器进行位置检测的,确定了工业机器人的坐标系和坐标原点,也就确定了工业机器人在空间上的运动方向和位置值,因此可以说,坐标系是工业机器人的运动依据。工业机器人有多种坐标系,用户可根据需要调用合适的坐标系。

一、FANUC 机器人坐标系的种类

FANUC 机器人的坐标系分成两大类,分别是关节坐标系和直角坐标系,其中,直角坐标系又分为世界坐标系、手动坐标系、用户坐标系、工具坐标系四类,如图 2-28 所示。

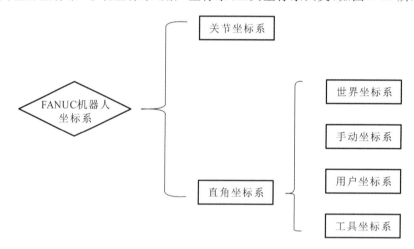

图 2-28 FANUC 机器人坐标系的分类

二、坐标系的功能和作用

1. 关节坐标系

关节坐标系是定义各个关节移动时所对应坐标的坐标系。在关节坐标系下调试工业机器人的时候,工业机器人的每个关节都可以独立移动,都有各自的运动方向,如图 2-29 所示,各关节在运动时都会相对关节坐标原点对应有独立的坐标值(见图 2-30),工业机器人在当前姿态下所对应的各个轴的坐标值会在示教器液晶显示屏上显示。

需要注意的是,这些坐标值对应的参考点就是工业机器人的机械原点,厂家在出厂时已经定义并设置好了机械原点的位置。若机械原点丢失,可参考各轴上的标记进行设置。例如,工业机器人第 1 轴(J1 轴)和第 3 轴(J3 轴)厂家默认机械原点的位置标记如图 2-31 和图 2-32 所示。工业机器人其余 4 个轴在相应的位置都有类似标记。

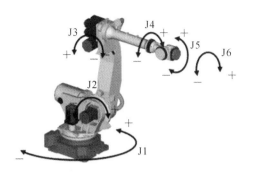

图 2-29　各关节运动方向图

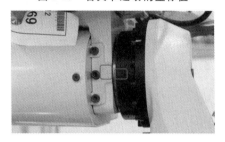

图 2-30　各关节运动的坐标值

图 2-31　J1 轴坐标原点标记

图 2-32　J3 轴坐标原点标记

2. 直角坐标系

直角坐标系中工业机器人的位置和姿势,通过从空间上的直角坐标系原点到工具侧的直角坐标系原点(工具中心点)的坐标值(X,Y,Z)和空间上的直角坐标系的相对 X 轴、Y 轴、Z 轴周围的工具侧的直角坐标系的回转角 W、P、R 予以定义。

1)世界坐标系

世界坐标系(也称全局坐标系)是空间上的标准直角坐标系,它被固定在工业机器人事先确定的位置,可以用于手动操纵、一般移动、处理若干工业机器人或使用外部轴移动工业机器人的工作场合,是工业机器人默认的坐标系。世界坐标系原点定义为工业机器人 J1 减速器轴线与 J2 减速器轴线所在平面的交点,Z 轴垂直于地面向上,X 轴指向工业机器人正前方,使用右手法则确定 Y 轴。世界坐标系下 X 轴、Y 轴、Z 轴的正负方向及工业机器人绕着各轴旋转的正负方向如图 2-33 所示。在示教器上显示的 2 号工具中心点相对世界坐标系的坐标值如图 2-34 所示。

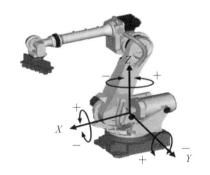

图 2-33　世界坐标系

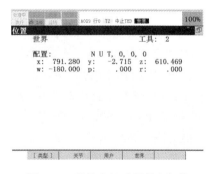

图 2-34　世界坐标系下的坐标值

2)手动坐标系

手动坐标系是在作业区域中为有效地进行直角点动而进行定义的直角坐标系。只有在作为手动进给坐标系时才使用该坐标系,因此,手动坐标系的原点没有特殊的含义。手动坐标系未定义时,将由世界坐标系来替代该坐标系。

3)用户坐标系

用户坐标系是用户对每个作业空间进行定义的直角坐标系。它用于位置寄存器的示教和执行、位置补偿指令的执行等。用户坐标系未定义时,将由世界坐标系来替代该坐标系。用户坐标系通过相对世界坐标系的坐标系原点的位置(X,Y,Z)和 X 轴、Y 轴、Z 轴的旋转角 W、P、R 来定义。最多可以设置 9 个用户坐标系。设置方法有三点法、四点法和直接输入法 3 种。

用户坐标系通常用于不同于世界坐标系的工作平面,以方便用户校点,如图 2-35 和图 2-36 所示。桌面上工件的平面与工业机器人的世界坐标系不在同一个标准平面上时,需要设置用户坐标系,且设置的用户坐标系应与工件的平面在同一个平面上,这样方便用户进行工业机器人轨迹和工作点的调试。

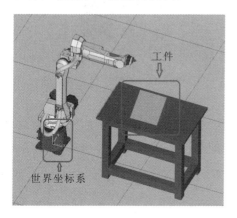

图 2-35 使用世界坐标系的平面

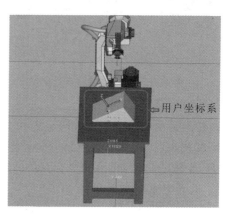

图 2-36 使用用户坐标系的平面

4)工具坐标系

工具坐标系的原点一般为工业机器人第 6 轴法兰盘的中心点,工具坐标点及其工具坐标系一旦设置成功,那么其相对于世界坐标系和用户坐标系的坐标值就会在空间上确定,其他坐标系的坐标值也是相对于当前工具坐标点而言的,因此,工具不同,工具坐标点不同,其对应的各坐标值都会不同。FANUC 机器人可以设置多个工具坐标,但是在出厂时,一般将工具的作用点默认设置在第 6 轴法兰盘的中心点处。示教器中工具坐标系设置界面如图 2-37所示。从设置界面中可见,系统有 10 个工具坐标,但是其对应的 X、Y、Z 的值都为 0,这就意味着这些工具坐标都没有重新定义,处于默认位置,即第 6 轴法兰盘的中心处。

在工业机器人实际使用过程中,为了使用方便,会根据装在第 6 轴法兰盘上的工具而去设置工具坐标点,因为我们在特殊场合(如焊接和喷涂)使用时,需要让工具绕着某个轴转,如果不重新设置工具坐标点,当工具绕着某个轴转时,焊接点和喷涂点就会发生位置的偏移,无法满足工作需要。如图 2-38 所示,经过设置,已经将工具坐标 1 的工具坐标点设置到焊枪的尖点处,而工具坐标系 1 的值也发生了变化。

三、在关节坐标系和世界坐标系下移动工业机器人

在关节坐标系和世界坐标系下移动工业机器人是最常用的移动工业机器人的方法。

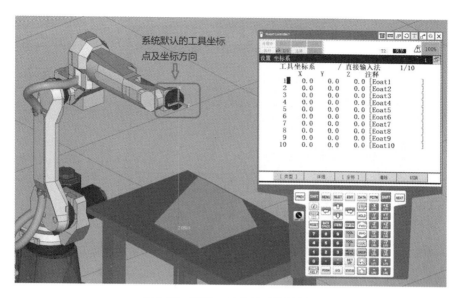

图 2-37 默认工具坐标系设置界面

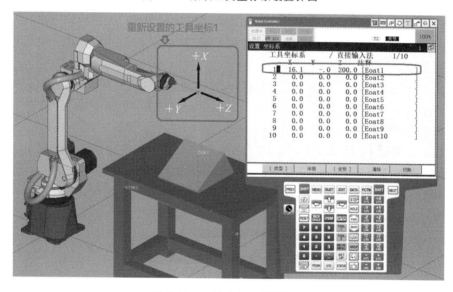

图 2-38 工具坐标 1 设置界面

1. 在关节坐标系下用示教器移动工业机器人的方法和步骤

具体要求:用示教器让工业机器人的 6 个轴按正负方向移动。

具体步骤如下:

(1) 给工业机器人系统上电,将工业机器人控制柜上的模式开关调到"T1"。

(2) 将示教器自动运行开关调到"ON"。

(3) 将工业机器人姿态恢复到"J1:0""J2:0""J3:0""J4:0""J5:−90""J6:0"。

(4) 按下示教器上的"COORD"键,该键为坐标系的切换键,直到将坐标系切换为关节坐标系模式为止。

(5) 同时按使能开关和"SHIFT"键进行上电和各轴移动操作。

(6) 如图 2-39 所示,在关节坐标系下移动工业机器人时可以按下示教器的"POSN"键,选择"关节",实时查看工业机器人移动位置的坐标值变化。

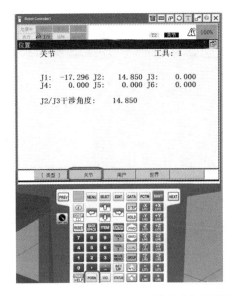

图 2-39　关节坐标系下移动工业机器人坐标值监控界面

2. 在世界坐标系下用示教器移动工业机器人的方法和步骤

具体要求：用示教器让工业机器人按 X 轴、Y 轴、Z 轴的正负方向移动。

具体步骤如下：

（1）给工业机器人系统上电，将工业机器人控制柜上的模式开关调到"T1"。

（2）将示教器自动运行开关调到"ON"。

（3）将工业机器人姿态恢复到"J1：0""J2：0""J3：0""J4：0""J5：−90""J6：0"。

（4）按下示教器上的"COORD"键，直到将坐标系切换为世界坐标系模式为止。

（5）同时按使能开关和"SHIFT"键进行上电和各轴移动操作。

（6）如图 2-40 所示，在世界坐标系下移动工业机器人时可以按下示教器的"POSN"键，选择"世界"，实时查看工业机器人移动位置的坐标值变化。

图 2-40　世界坐标系下移动工业机器人坐标值监控界面

思考与练习

一、填空题

1. FANUC 机器人的坐标系分成两大类,分别是_____和_____。

2. 直角坐标系分为_____、_____、_____、_____四类。

3. 世界坐标系原点定义为工业机器人_____轴线与_____轴线所在平面的_____。

4. _____未定义时,将由世界坐标系来代替。

5. _____是用户对每个作业空间进行定义的直角坐标系。

6. _____的原点一般为工业机器人第 6 轴法兰盘的中心点。

7. FANUC 机器人可以设置多个工具坐标,在出厂时,一般将工具坐标默认设置_____个。

8. 开机时,首先应将控制柜面板上的_____置于"ON"。

9. _____是在作业区域为有效地进行直角点动而进行定义的直角坐标系。

二、判断题

1. 关节坐标系是定义各个关节移动时所对应坐标的坐标系。 ( )

2. 在关节坐标系下调试工业机器人的时候,工业机器人的每个关节都一起移动。 ( )

3. 用户坐标系是在作业区域中为有效地进行直角点动而进行定义的直角坐标系。 ( )

4. 用户坐标系默认最多可以设置 10 个用户坐标。 ( )

5. 工具坐标没有重新定义时,默认位置为第 6 轴法兰盘的中心处。 ( )

三、问答题

1. 如何定义世界坐标系的原点?

2. 什么情况下需要设置用户坐标系?

3. 在关节坐标系下用示教器移动工业机器人的方法和步骤是什么?

4. 在世界坐标系下用示教器移动工业机器人的方法和步骤是什么?

◀ 任务 5 控制柜器件分布、作用及拆装步骤 ▶

【**能力目标**】

正确拆装工业机器人控制柜的主要器件;说出控制柜各器件的作用。

【**知识目标**】

了解控制柜器件的分布;掌握控制柜各器件的作用;掌握控制柜主要器件的拆装方法。

【**素质目标**】

通过对控制柜主要器件的拆装,锻炼动手能力,培养吃苦耐劳、沟通交流的能力。

控制柜是工业机器人的控制核心,控制柜里面集成了工业机器人的核心控制器件、驱动模块和控制单元。

一、控制柜器件的分布和作用

以 FANUC 机器人 R-30*i*B Mate 控制柜为例。

1. 控制柜外部正面器件分布和作用

R-30*i*B Mate 控制柜的外部正面图如图 2-41 所示,在外部面板上分布着模式转换开关、控制柜启动按钮、急停按钮、电源开关和散热风扇。

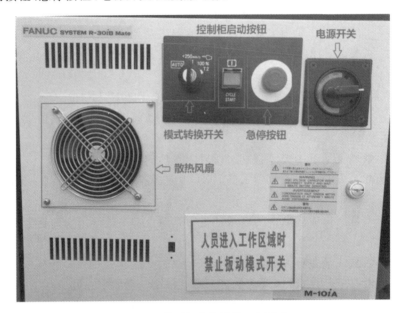

图 2-41 控制柜外部器件正面分布

1)模式转换开关

模式转换开关用于切换工业机器人的手动和自动运行模式。将开关旋钮旋至"AUTO"挡时,工业机器人处于自动运行模式;当开关旋钮旋至"T1"挡或"T2"挡时,工业机器人处于手动运行模式。"T1"挡和"T2"挡的区别在于,"T1"挡会对工业机器人的调试速度进行限制,允许调试最大速度为 250 mm/s,"T2"挡可实现全速调试。

2)控制柜启动按钮

在自动运行模式下,将启动方式设置为"本地启动"后按下控制柜启动按钮即可运行当前程序,该按钮可作为自动运行模式中的一种模式的启动按钮。

3)急停按钮

急停按钮为特殊情况下使用,在出现异常情况时应按下此按钮。

4)电源开关

电源开关的作用是给工业机器人控制柜上电以及打开控制柜柜门。把开关拨到红色区域时,控制柜将会得电;把开关拨到绿色区域时,控制柜将会断电。打开柜门的方法是在断电模式下(开关拨到绿色区域后)逆时针旋转开关旋钮约 30°并拉开柜门。

5)散热风扇

因为控制柜里面集成了伺服驱动模块、工业机器人的主板、制动单元等,功率较大,器件容易发热,因此需要配置散热风扇给柜子内部空间散热。

2.控制柜内部器件和模块的分布及作用

控制柜内部器件分成两部分,分别是门背板和内部底板,其中门背板主要分布工业机器人的主板模块,内部底板主要分布伺服驱动单元、急停单元和 I/O 单元,如图 2-42 所示。

(a)门背板器件分布

(b)内部底板器件分布

图 2-42 控制柜内部器件分布

1)主板

工业机器人的主板功能类似于电脑的主板,上面集成了 CPU、内存还有各种插槽(用于扩展专用的卡件),如图 2-43 所示。控制柜里面配置了 PROFIBUS 通信板卡,同时还有工业机器人数字量 I/O CRMA15 和 CRMA16 的插槽,用于与外部设备进行信号交换,只需要用专门的板卡和插头插入相应的插槽即可,如图 2-44 所示。

图 2-43 控制柜内部主板结构

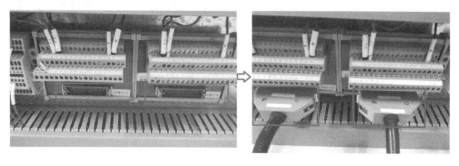

图 2-44 CRMA15 和 CRMA16 插口外部接口和接线端子

如图 2-44 所示,CRMA15 和 CRMA16 插口为工业机器人的数字量 I/O 接口,需要与外部设备进行通信,因此需要配置专门的插头,一头插入主板上的插槽,另外一头接入接线端子的插槽,接头可以根据需要自行焊接。接口定义需要查看产品手册。

2)六轴伺服放大器

六轴伺服放大器在控制柜内的位置如图 2-42 所示,其作用是对工业机器人本体的 6 个轴上配套的伺服电动机进行控制。工业机器人能够精确地运动,主要是依靠该模块对其位置和运行进行精确控制。

3)急停单元

急停单元主要用于处理工业机器人的急停按钮信号,急停单元的接口接收到需要急停的信号时,将会按照对应的要求控制工业机器人急停。

二、控制柜主要器件的拆装

工业机器人的控制柜里有相关的控制单元,厂家在出厂工业机器人的时候已经配置好标准的接头对这些控制单元进行连接,我们只需要将插头插入对应的插口即可,以 R-30iB Mate 控制柜为例,各个硬件单元进行连接的插头主要集中在主板和伺服放大器上。在进行硬件单元拆卸的时候,首先要对这些插头进行拆卸。

1. 主板单元的拆卸

第一步:拆卸主板,如图 2-45 所示。以 R-30iB Mate 控制柜为例。首先,把电源切断,然后把 DP 电缆和 DP 板卡拆除,再拆风扇和电池,最后拆黄色固定板的螺钉,把黄色固定板拿出即可。拆装的时候需要注意,DP 板卡需向外拔出,风扇和电池向下按即可完成拆卸。

第二步:主板上有很多插头,插头的线上有具体插口标签,标签上的数字对应插头号,把这些插头从插座上拔下来,如图 2-46 所示。

图 2-45　主板拆卸步骤

图 2-46　主板主要接口

第三步:拆下主板与控制柜的固定螺钉,完成主板单元的拆卸。

2. 伺服放大器单元的拆卸

伺服放大器的拆卸步骤和主板单元的拆卸步骤相似,首先拆连接插头,然后拆固定螺钉,再将固定板拿出即可。拆卸完成的伺服放大器如图 2-47 所示。

 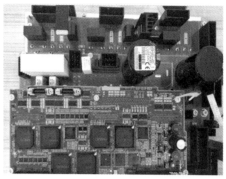

图 2-47 伺服放大器拆卸完成

主板单元和伺服放大器的安装过程和拆卸过程是互逆的,只需要按照拆卸步骤的相反顺序将原来的器件和接线插头装回即可。

注意:
把主板装回去的时候注意插头和插座之间的标号一定要对上。

思考与练习

一、填空题

1.控制柜外部面板上分布着 _____、_____、_____、_____ 和 _____。

2.当控制柜面板上模式转换开关旋钮旋至"AUTO"挡时,工业机器人处于 _____。

3.模式转换开关旋钮旋至"T1"挡时会对工业机器人的调试速度进行限制,允许调试最大速度为 _____ mm/s,"T2"挡可实现 _____ 调试。

4.CRMA15 和 CRMA16 插口为工业机器人的 _____ 接口,需要与外部设备进行通信。

5.控制柜内部底板由 _____、_____、_____ 组成。

二、判断题

1.当控制柜面板上模式转换开关旋钮旋至"T1"或"T2"时,工业机器人处于自动运行模式。　　　　　　　　　　　　　　　　　　　　　　　　　　　　　(　　)

2."T1"挡会对工业机器人的调试速度进行限制,可实现全速调试。　　　(　　)

3.停止按钮为特殊情况下的急停按钮,在出现异常情况时按下此按钮。　　(　　)

4.控制柜电源开关的作用是给工业机器人控制柜上电及打开控制柜柜门。　(　　)

5.六轴伺服放大器作用是对工业机器人本体的 6 个轴上配套的伺服电动机进行控制,使工业机器人能够精确地运动。　　　　　　　　　　　　　　　　　　　(　　)

三、问答题

1.说出控制柜正面器件的名称及作用。

2.主板单元的拆卸步骤有哪些?

3.伺服放大器的拆卸步骤有哪些?

◀ 任务 6　外部急停信号的接线及其验证 ▶

【能力目标】

正确连接急停信号及电源;进行急停信号连接验证。

【知识目标】

了解急停电路板信号引脚定义;掌握急停信号的连接方法。

【素质目标】

通过外部急停信号按钮的接线及其验证,锻炼动手能力,培养吃苦耐劳、沟通交流的能力。

外部急停按钮是工业机器人安全系统的一个重要组成部分,它关乎工业机器人的使用安全。

在工业机器人系统集成时,往往需要自行设计外部紧急停止线路,那么外部紧急停止信号是如何定义并连接的呢?

一、FANUC 机器人紧急停止信号的输出

紧急停止信号输出的连接是在急停电路板(见图 2-48)上完成的。

图 2-48　急停电路板

在急停电路板上一共有 2 个插座,分别是 TBOP19 和 TBOP20,其中 TBOP19 插座用于

外部电源的连接,而 TBOP20 插座用于紧急停止信号的连接。急停电路板插座(引脚)定义如图 2-49 所示。

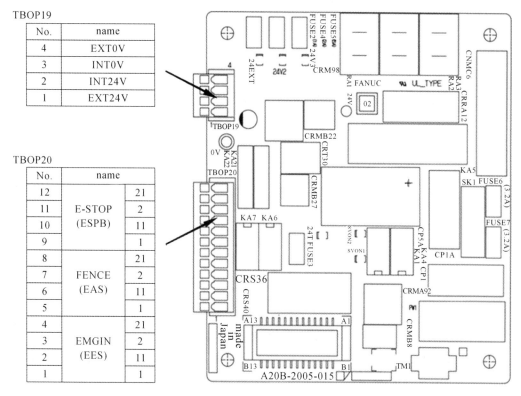

TBOP19

No.	name
4	EXT0V
3	INT0V
2	INT24V
1	EXT24V

TBOP20

No.	name	
12		21
11	E-STOP	2
10	(ESPB)	11
9		1
8		21
7	FENCE	2
6	(EAS)	11
5		1
4		21
3	EMGIN	2
2	(EES)	11
1		1

图 2-49　急停电路板插座(引脚)定义

1. 紧急停止信号的输出

紧急停止信号输出的连接如图 2-50 所示。ESPB1—ESPB11 及 ESPB2—ESPB21 两组信号是系统急停的输出信号,在示教器或者操作面板的急停按钮被按下时,接点开启。控制装置的电源被切断时,不管急停按钮的状态如何,接点都会开启。当急停电路连接外部电源时,即使控制装置的电源已被切断也会执行急停动作。紧急停止信号的连接出厂时就已完成,不需要用户自己连接。

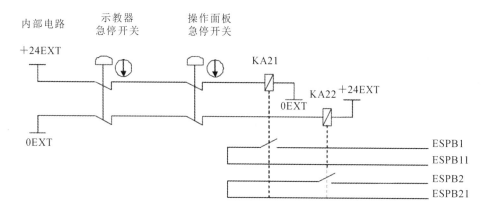

图 2-50　紧急停止信号输出的连接

2. 外部电源的连接

如果不想让控制柜电源影响紧急停止信号的输出，可以将用于紧急停止信号输出和外部急停信号输入的继电器电源与控制柜电源分开，此时应连接外部＋24 V 电源而不是柜内＋24 V 电源，如图 2-51 所示。

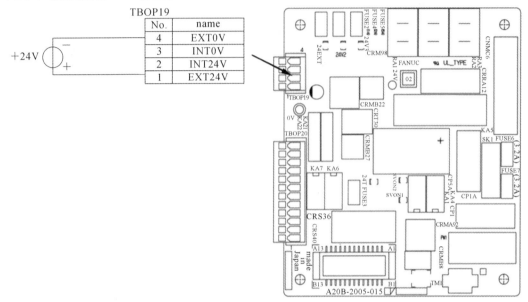

图 2-51　外部电源连接

外部电源要求：＋24 V，300 mA 以上，符合电磁兼容性（electromagnetic compatibility，EMC），也就是贴有"CE"标志。

通过使用外部电源，可以将控制装置的内部电源与外部连接的外部急停信号、安全围栏信号等输入电路的电源分离开来。此外，通过使用外部电源，可在控制装置的电源被切断期间，将示教器以及操作面板上的急停按钮的状态反映到外部急停信号输出。

二、FANUC 机器人外部紧急停止信号的输入

外部紧急停止信号输入的连接也是在急停电路板上完成的。

1. 外部紧急停止信号的输入

外部紧急停止信号的名称及作用如表 2-2 所示。

表 2-2　外部紧急停止信号

信 号 名 称	作　　　用
EES1 EES11 EES2 EES21	将外部紧急停止开关的接触件连接到这些接线端； 当触点打开时工业机器人停止； 当使用继电器或电流接触器的接触件而不是开关时，需要将一个灭弧器连接到继电器或电流接触器的线圈上，以抑制干扰噪声； 如果不适用接线端，则应将它们短接
EAS1 EAS11 EAS2 EAS21	在"AUTO"模式下，当安全围栏或安全门开启时，使用这些信号来使工业机器人停止； 在"T1"或者"T2"模式下，如果示教器上的"DEADMAN"开关处于按下状态，并且示教器使能开关有效，那么这些信号将被忽略，紧急停止不会发生； 如果不适用接线端，则应将它们短接

2. 外部紧急停止信号连接

外部急停信号、安全围栏信号等外部紧急停止信号已被设定为双重输入，以使发生单一故障时也能动作。所以，在连接外部急停开关时不可以只接一组信号端子，如 EES1—EES11 或 EES2—EES21，而应该将两组信号同时接入外部急停开关中，如图 2-52 和图 2-53 所示。

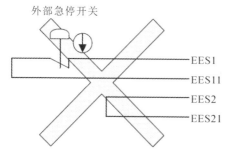

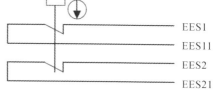

图 2-52 外部急停开关错误连接   图 2-53 外部急停开关正确连接

3. 外部急停开关的连接及其验证

为了更好地说明外部急停信号的连接方法，现在我们以一个外部急停开关的连接和验证为例来进一步说明。

1）外部急停开关的连接

（1）首先，准备好一个 TBOP20 插头（见图 2-54）、两个专业取送工具（见图 2-55）、一个急停开关（见图 2-56）、短接片（见图 2-57）若干、导线若干。

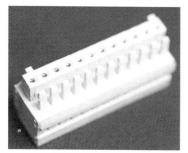

图 2-54 TBOP20 插头

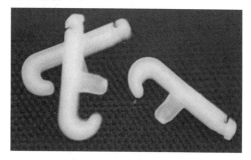

图 2-55 专业取送工具

图 2-56 急停开关

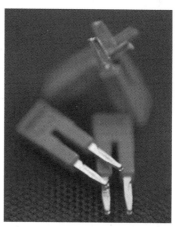

图 2-57 短接片

（2）将短接片分别接入插头上 ESPB1—ESPB11、ESPB2—ESPB21、EAS1—EAS11 及 EAS2—EAS21 四组信号接口中。

（3）将 4 根导线分别接入插头上 EES1—EES11 及 EES2—EES21 两组信号接口中。

（4）将接入 EES1—EES11 及 EES2—EES21 的导线分别接到急停开关的两组常闭触点。

（5）打开工业机器人控制柜柜门，取下急停电路板上原有的 TBOP20 插头，插入接好急停开关的插头。

2）外部急停开关连接的验证

验证方法：按下外部急停开关，查看示教器上是否出现对应的 SRVO-037 报警；如果示教器上出现 SRVO-271（见图 2-58）或 SRVO-230、SRVO-231 报警，说明接线错误（见图 2-59），未满足信号同时连接双重接触件的要求。

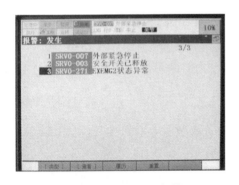

图 2-58　SRVO-271 报警

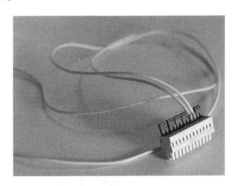

图 2-59　接线错误

思考与练习

一、填空题

1. TBOP19 插座用于_____的连接。

2. TBOP20 插座用于_____的连接。

3. _____及_____两组信号是系统急停的输出信号。

二、判断题

1. 控制装置的电源被切断时，不管急停按钮的状态如何接点都会开启。　　　（　　）

2. 当急停电路连接外部电源时，即使控制装置的电源已被切断也会执行急停动作。

（　　）

三、问答题

1. 画出紧急停止信号输出的连接图。

2. 画出外部急停信号连接线路图。

3. 说出外部急停开关的连接方法。

工业机器人仿真软件的应用

　　ROBOGUIDE 是 FANUC 机器人公司提供的一个仿真软件,它是围绕一个离线的三维世界模拟现实中的工业机器人和周边设备的布局,通过其中的 TP 示教,进一步来模拟工业机器人的运动轨迹。通过这样的模拟可以验证方案的可行性,同时获得准确的周期时间。该仿真软件具体还包括搬运、弧焊、喷涂和点焊等典型应用模块,可有针对性地对工业机器人的各种典型应用进行离线编程和仿真模拟。

　　工业机器人的仿真软件可以用来进行工业机器人应用的辅助学习,也可以用来进行方案的设计和展示,因此有着广泛的实际应用。

◀ 任务 1　仿真软件的安装 ▶

【能力目标】

正确安装 ROBOGUIDE 离线仿真软件。

【知识目标】

掌握软件参数设置原理。

【素质目标】

具有查询资料的能力,能与他人沟通协调。

　　ROBOGUIDE 的安装需要按照标准步骤进行,具体如下:

　　(1) 在存储路径下打开"ROBOGUIDE V8.30E"文件夹,双击文件夹内的"setup.exe",会弹出如图 3-1 所示的对话框。

> 注意:
> 　　有时系统也会提醒需要重启电脑后才可安装,若出现重启提示,请按提示重启电脑后再重复上述安装步骤。

　　(2) 点击"Install"以安装图 3-1 中所列的组件。若点击后无法安装,可打开安装文件夹"ROBOGUIDE V8.30E"下的"Support"文件夹,在其中选择所需组件进行手动安装,如图 3-2所示。

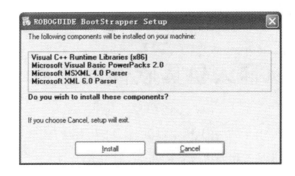

图 3-1　软件安装对话框

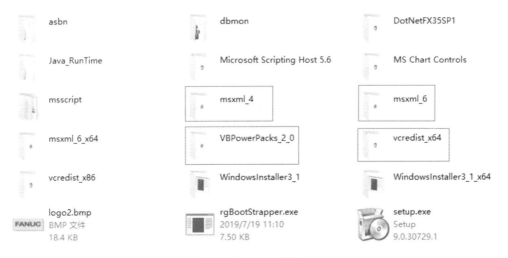

图 3-2　组件文件夹

（3）所列组件安装完成后，ROBOGUIDE 会继续安装，出现如图 3-3 所示的对话框，单击"Next"进入下一步。

（4）进入授权注意事项（用户协议）界面，如图 3-4 所示。选择"Yes"。

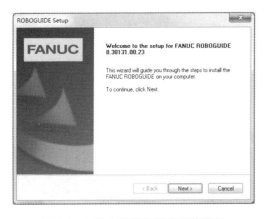

图 3-3　ROBOGUIDE 继续安装界面

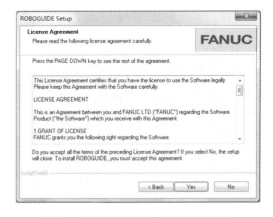

图 3-4　授权注意事项（用户协议）界面

（5）进入选择安装路径界面，如图 3-5 所示。选择好安装路径后单击"Next"。

（6）进入选择要安装的程序插件界面，如图 3-6 所示。在默认状态下单击"Next"。

图 3-5　选择安装路径界面

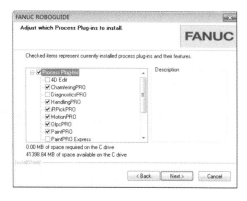

图 3-6　选择安装程序插件界面

（7）选择需要在桌面创建快捷方式的应用，如图 3-7 所示。在默认状态下单击"Next"即可。

（8）进入软件版本选择界面，如图 3-8 所示。在此处，并不需要安装所有的软件版本，只需要选择最新的或自己认为适用的版本进行安装即可。选择前面两个版本后单击"Next"。

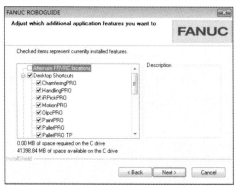

图 3-7　创建桌面快捷方式设置界面

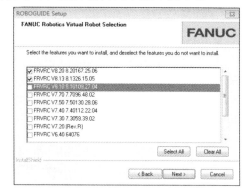

图 3-8　软件版本选择界面

（9）进入安装信息汇总界面，如图 3-9 所示。此界面列出了前面设置的信息，确认无误后单击"Next"，若发现错误可单击"Back"返回修改。

（10）进入安装完成确认界面，如图 3-10 所示，单击"Finish"结束安装，重启电脑后即可使用 ROBOGUIDE 8.30。

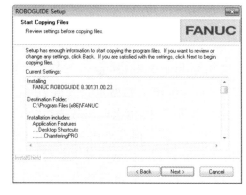

图 3-9　安装信息汇总界面

图 3-10　安装完成确认界面

思考与练习

实训题

动手练习安装 ROBOGUIDE 工业机器人仿真软件。

◀ 任务 2　仿真软件工程的创建 ▶

【能力目标】

正确新建一个简单的工程。

【知识目标】

掌握软件菜单功能和控件的原理。

【素质目标】

具备资料查询能力,能与他人沟通处理问题。

ROBOGUIDE 仿真软件安装完成后,在桌面会生成软件图标,双击软件图标(见图 3-11)即可进入软件运行界面。进入软件界面后,新建工程步骤主要分为新建工作站和进行初始化配置。

图 3-11　ROBOGUIDE 仿真软件图标

一、新建工作站

(1) 单击新建工作站菜单进行新建,然后给工作站起个名称,注意要用英文字母起名,在这里我们将工程命名为"lianx1",如图 3-12 所示。新建工作站总共要经过 8 个步骤,在"Workcell Creation Wizard"界面左侧列出了每个步骤名称,依次完成后选择"Next"。

(2) 进入创建机器人方式的菜单界面,如图 3-13 所示。该界面有工业机器人的 4 种创建方式:① 根据缺省配置新建;② 根据上次使用的配置新建;③ 根据机器人备份来创建;④ 根据已有机器人的拷贝来新建。一般选用第 1 种方式创建一个新的机器人,然后单击"Next"。

(3) 选择机器人软件版本。通常选择高版本,如图 3-14 所示,然后单击"Next"。

新建工作站菜单

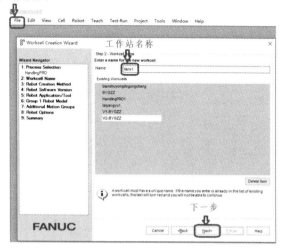

图 3-12　新建工作站命名

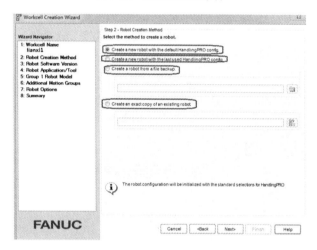

图 3-13　选择机器人的创建方式

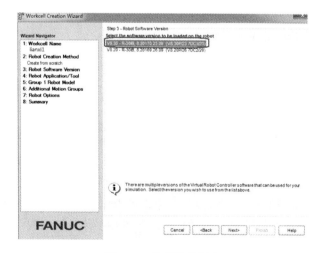

图 3-14　选择软件版本

（4）选择机器人的应用菜单。FANUC 机器人能够提供码垛、搬运、焊接、打磨等多种专用系统应用，可根据应用场合选择配置。此处以搬运应用为例，如图 3-15 所示，选择"Next"。

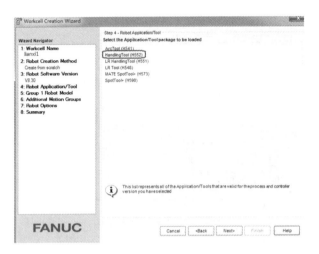

图 3-15　选择机器人应用

（5）选择所要应用的机器人型号。在此，我们选择 FANUC M-10iA/12 这款机器人，如图 3-16 所示，然后单击"Next"。

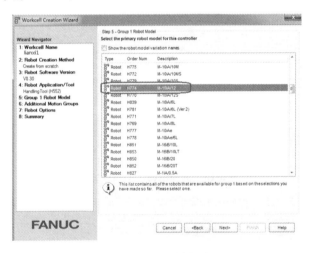

图 3-16　选择机器人型号

（6）配置机器人的附加轴，如图 3-17 所示。一般在工业机器人要加行走轴、变位机等附加轴的时候需要进行配置，此处不需要附加轴，因此不需要选择和配置，可直接单击"Next"。

（7）进入机器人配置界面。该界面有 3 个菜单项，分别为软件选项、语言选项和高级选项。在此，我们只需要配置语言选项即可，具体配置如图 3-18 所示，该配置是将中文设置为主语言，英文设置为从语言。该设置并不是设置整个 ROBOGUIDE 软件界面的语言，而是设置仿真软件中示教器的语言。设置完成后，单击"Next"。

（8）进入前面配置信息的汇总界面，如图 3-19 所示。此时可以看见前面所有配置的信息，应在此检查配置是否正确，若不正确则需返回修改（单击"Back"），信息正确则可单击"Finish"继续工程的初始化配置。

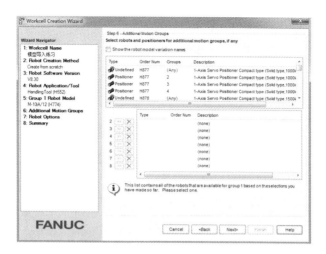

图 3-17　附加轴设置界面

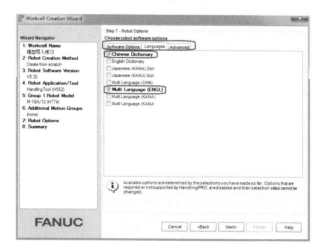

图 3-18　机器人配置界面(语言选项)

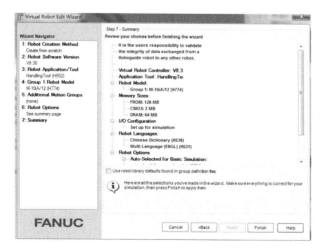

图 3-19　机器人新建工作站配置信息汇总界面

二、初始化配置

完成工作站新建配置后会弹出一些初始化配置界面。进行初始化配置具体步骤如下：

（1）在弹出的法兰盘类型选择界面（见图 3-20）中，选择"1"——常规法兰盘，按回车键。

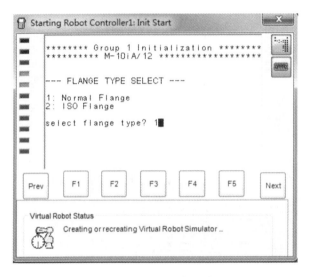

图 3-20　机器人法兰盘类型选择界面

（2）进入机器人类型选择界面，如图 3-21 所示，根据选用的机器人型号选择"2"，按回车键。

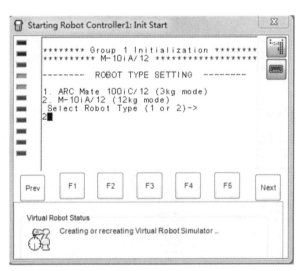

图 3-21　机器人类型选择界面

（3）进入电缆及 J5 轴、J6 轴的旋转范围选择界面，如图 3-22 所示，此处选择"1"，按回车键。

（4）进入 J1 轴移动范围选择界面，此处选择"2"，配置较大的参数，如图 3-23 所示。

配置完成后进入软件开发界面，点击示教器菜单即可弹出仿真软件中的示教器界面，具体如图 3-24 所示。因为先前已经配置主语言为中文，因此示教器的语言为中文。

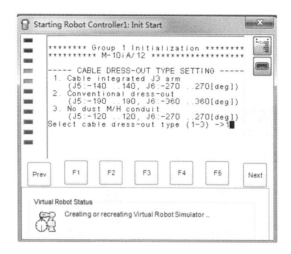

图 3-22 电缆及 J5 轴、J6 轴的旋转范围选择界面

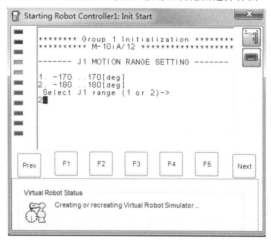

图 3-23 J1 轴移动范围选择界面

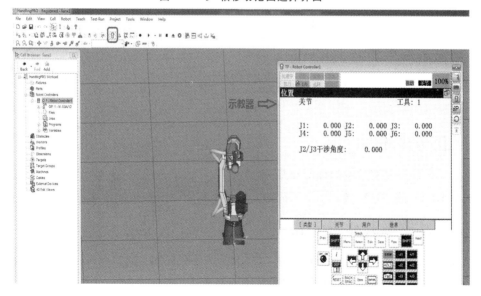

图 3-24 软件开发界面中的示教器界面

若示教器语言初始时为英文,则可通过单击"MENU"→"SETUP"→"General"→"Current language",单击右下角的"CHOICE",将"ENGLISH"改为"CHINESE"即可将示教器语言设置成中文,如图3-25所示。

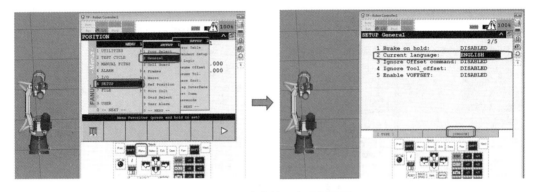

图 3-25　仿真软件语言设置界面

思考与练习

实训题

动手创建一个新的工程。

◀ 任务3　应用仿真软件构建搬运工作站 ▶

【能力目标】

灵活运用各种空间和菜单构建一个典型的工业机器人工作站。

【知识目标】

掌握构建工业机器人工作站的方法和步骤。

【素质目标】

能够按规范和工艺要求正确开展设计。

一、任务描述

本任务中需按照实验室的标准布局,利用已经构建好的模型,在 ROBOGUIDE 仿真软件中按照 1∶1 的比例导入模型,并完成仿真场景下的搬运工作站的搭建,如图 3-26 所示。

二、在仿真软件中导入模型

进入 ROBOGUIDE 仿真软件界面后,画面中仅出现配置的工业机器人,周边都是空的,因此将所需模型导入到界面中来才能组成形象的仿真系统。在 ROBOGUIDE 软件中,有 3 种常用的菜单功能可以进行模型导入,分别是"Fixtures""Parts""Obstacles",如图 3-27 所示。

图 3-26　在仿真场景下搭建搬运工作站任务

用"Fixtures""Parts""Obstacles"导入的模型在仿真软件中对应的具体功能不同：用"Fixtures"导入的模型是具有动画运动功能的,比如,需要导入一张工作台,且围绕此工作台要有抓取和放下物料的仿真效果,则必须用"Fixtures"导入;"Parts"通常用于导入物料,比如,需要在仿真模拟中从传送带上把箱子放到工作台上,那么箱子则需要用"Parts"导入;"Obstacles"通常用于导入不参与动作模拟的模型,如围栏和工业机器人的控制柜等。

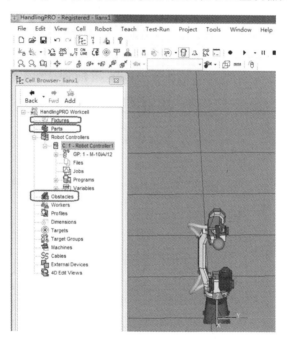

图 3-27　模型导入菜单功能项

1. 导入系统自带模型的方法和步骤

ROBOGUIDE 软件中系统自带了一部分通用模型,可以在模型库目录下将模型导出,以用"Fixtures"导入模型库中的模型为例,具体操作步骤如下:

(1) 选中"Fixtures"菜单,单击鼠标右键,选择"Add Fixture"→"CAD Library"(在 CAD 库中添加),如图 3-28 所示。

除"CAD Library"外,"Add Fixture"有多个子菜单:① "Single CAD File"——添加单个 CAD 文件;② "Multiple CAD Files"——添加多个 CAD 文件;③ "Box"——添加箱体;

④ "Cylinder"——添加圆柱体；⑤ "Sphere"——添加球体；⑥ "Container"——添加箱子。在 "Add Fixture" 中可以对添加物体的大小、尺寸、颜色等进行设置及修改。

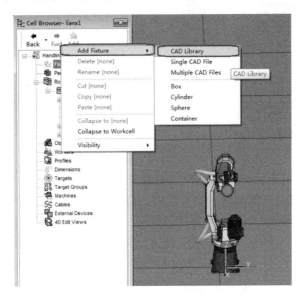

图 3-28　"Add Fixture" 界面

（2）选中 "CAD Library" 后，会弹出如图 3-29 所示的对话框，里面包含了常用的围栏、货架、桌子、传送带、工件等模型，并按大类进行了划分，可根据需要自行选用。

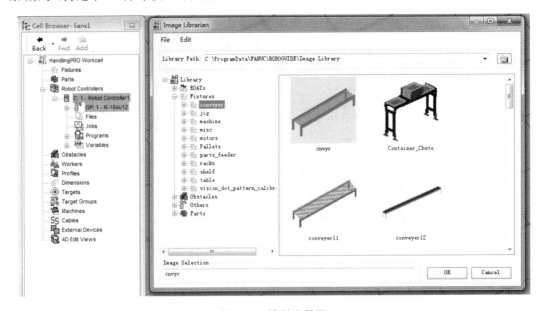

图 3-29　模型库界面

在此界面双击 "cnvyr"，可将该传送带模型显示在软件界面中，如图 3-30 所示，导入模型后会弹出一个模型设置菜单，在此菜单中可设置模型的大小和位置。同时，拖动方框处的坐标可调整模型位置。模型生成后会在 "Fixtures" 菜单下新增一个 "Fixture1"（即为当前模型的选项），可单击鼠标右键删除模型，也可双击该选项配置模型参数。

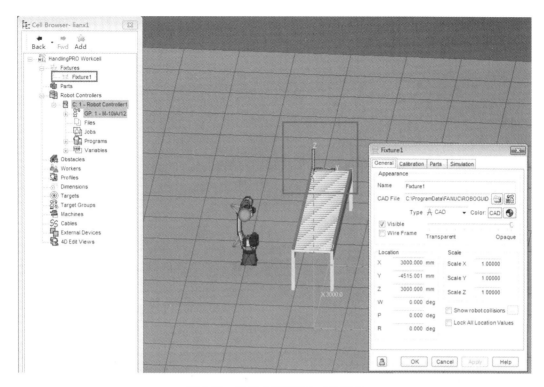

图 3-30 系统内模型导入成功界面

2. 导入外部模型的方法和步骤

ROBOGUIDE 软件系统自带的模型库中模型种类虽然较多,但是在实际应用中往往不能很快地与实际场景一一对应,因此需要导入已经根据场景设计好的模型。

例如,任务描述中,需要仿真模拟的工业机器人工作站中除了工业机器人外,还有外部的工作平台、工业机器人的夹具放置平台、传送带等,我们可以用 SOLIDWORKS 软件在工程调试之前将工作站模型设计好,然后将已经设计好的模型按照 1:1 的比例导入到 ROBOGUIDE 仿真软件中,最终实现所需仿真效果。

1) 处理标准模型

(1) 打开标准模型。图 3-31 为本任务中的机器人工作站标准模型,文件命名为"标准工作站布局.SLDASM"。在 SOLIDWORKS 软件中该文件的存储路径下双击图标即可把标准模型打开,如图 3-32 所示。

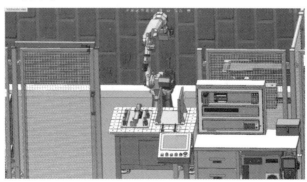

图 3-31 机器人工作站标准模型

图 3-32　SOLIDWORKS 软件中机器人标准工作站模型文件

（2）分析模型。打开标准模型后需要分析哪些模型是需要的,哪些是不需要的。例如,利用 ROBOGUIDE 软件将工程新建好后,系统是自带机器人的,因此不需要导入机器人模型。

如图 3-33 所示,方框中圈出的是不需要的模型。

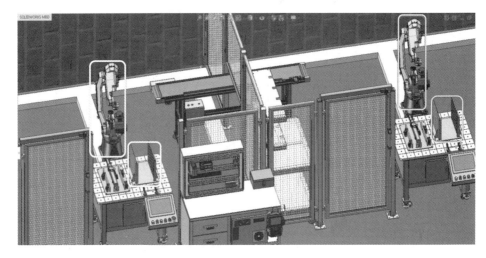

图 3-33　分析模型

（3）压缩模型。确定了不需要的模型后,要在 SOLIDWORKS 软件中将这些不需要的模型进行压缩。压缩并不是删除这些模型,而是把这些模型隐藏起来,使其在导入 ROBOGUIDE 的时候不会显示出来。以机器人模型为例,需要隐藏机器人模型时首先要在 SOLIDWORKS 中找到目录树,如图 3-34 所示,然后用鼠标选中目录树上的机器人对应的图标,此时机器人模型会变成灰色。需要注意的是,在 SOLIDWORKS 中机器人模型由很多组合体组成,只有选中最上层的目录使机器人模型全部变成灰色才是正确的,若没选中最上层的目录,机器人模型仅会部分变成灰色。

压缩模型的目的是将不需要的模型隐藏起来。选中机器人模型的目录后,单击鼠标右键,选择压缩即可,如图 3-35 所示。

依此类推压缩其他不需要的模型。压缩完成后如图 3-36 所示,不需要的模型已经隐藏起来了。

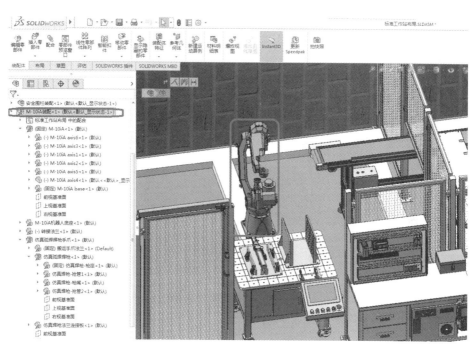

图 3-34 机器人模型的目录树

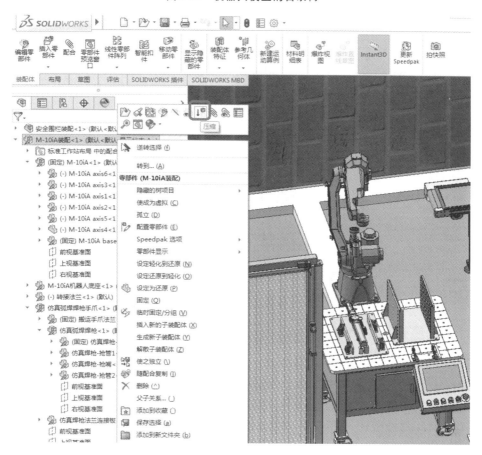

图 3-35 压缩机器人模型

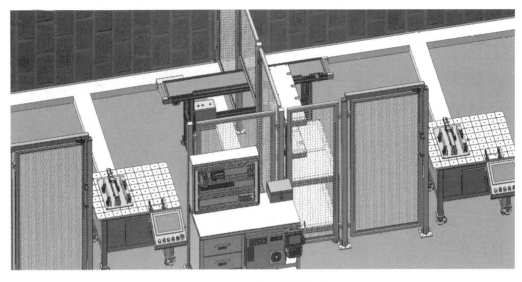

图 3-36　压缩完成的模型

（4）保存文件。完成模型的压缩后，需要将工程以 ROBOGUIDE 能够识别的文件格式进行保存，如图 3-37 所示，具体操作步骤为"另存为"→"GES（＊.igs）"→文件名"标准工作站布局 1.IGS"。

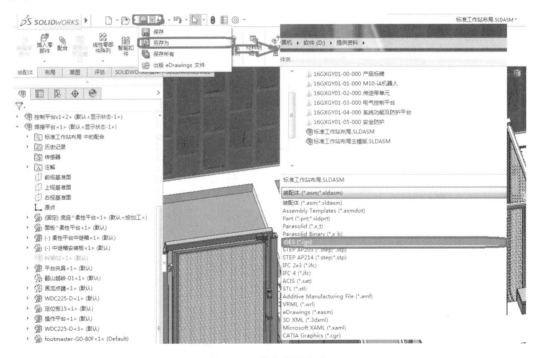

图 3-37　保存模型文件

在保存过程中，如弹出如图 3-38 所示的对话框，则选择"否（N）"，因为在前面操作过程中隐藏了不需要的模型。若选"是（Y）"，则那些模型就会隐藏失败。

执行文件保存操作后，在所选择的存储路径文件夹中如果出现"标准工作站布局1.IGS"文件，则保存成功。

图 3-38 对话框隐藏功能选择

2）在 ROBOGUIDE 中导入标准模型

完成标准模型的处理后，需要将标准模型导入 ROBOGUIDE，具体步骤如下：

（1）打开前面已经建立好的"lianx1"工程。在"Fixtures"菜单中单击鼠标右键，选择 "Add Fixture"→"Single CAD File"，然后在弹出的界面中找到先前用 SOLIDWORKS 保存 的"标准工作站布局1.IGS"文件，选择打开，如图 3-39 所示。

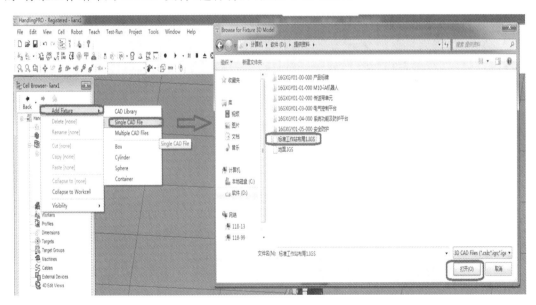

图 3-39 加载所需的模型

（2）因为两个软件的坐标系不一致，所以，将模型导入 ROBOGUIDE 后，模型的位置偏 差很大，如图 3-40 所示，模型导入的位置离基准面很远，要把界面缩小很多才能找到导入的 模型。此时需要对模型的位置进行设置和旋转调整。根据坐标系情况，需要让模型首先绕 X 轴旋转 $90°$，然后绕 Z 轴旋转 $90°$，旋转后的效果如图 3-41 所示，此时导入的模型已经与基 准面布局方向吻合，但是仍然不在一个平面上，需要进行进一步调整。

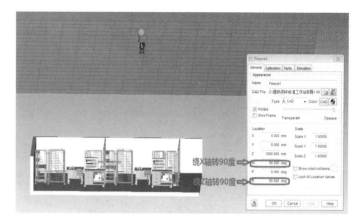

图 3-40 导入后模型位置出现偏差　　　　　图 3-41 旋转后的模型

（3）点击工具中的测量菜单，然后选择机器人模型底座作为"From"的起始点，选择模型的地面作为"To"的终点，在"X""Y""Z"中会生成测量数值，然后将测量值全部设置为 0，这样导入的模型的基准面和机器人底座的基准面就基本对应上了。参数设置如图 3-42 所示，调整完成后的效果如图 3-43 所示。

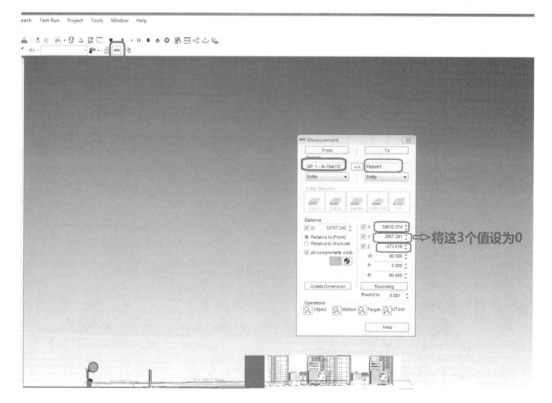

图 3-42 测量模型及设置数值

（4）通过测量的方法调整模型的位置后还是会存在一定的偏差，此时只需要移动机器人模型或双击模型的图片，微调模型的"X""Y""Z"值即可。再次调整后的效果如图 3-44 所示，将模型当前的"Z"值设为 0，然后移动机器人模型到工作位置即可。

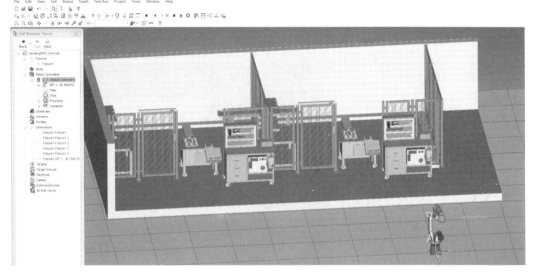

图 3-43 调整位置数据后的模型分布

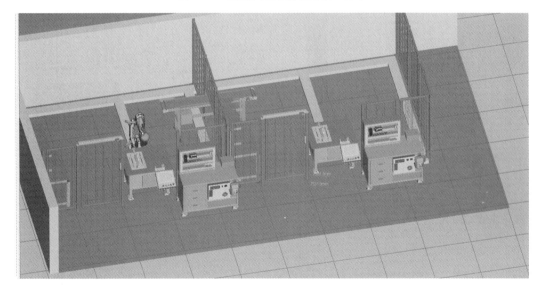

图 3-44 调整好的模型效果图

3）导入标准模型后继续导入系统模型

完成工作站的标准模型导入后，下面来导入工业机器人第 6 轴上的手爪模型。具体操作步骤如下：

（1）在"Cell Browser"（目录树）上找到"Robot Controller1"（机器人控制器 1），选中"GP：1-M-10iA/12"，点开"Tooling"菜单，双击"UT：1（Eoat1）"，弹出相应的对话框，然后选择文件进行工具的配置，如图 3-45 所示。ROBOGUIDE 软件为工业机器人提供了多个工具，因此我们可以在软件中添加多个工具，选择对应的工具标号用鼠标点击即可。

（2）在标签"General"中，点击"CAD File"菜单后，找到模型存储的路径，选中"过曲线手爪.IGS"并应用，即可把已经设计好的手爪模型调到工业机器人第 6 轴法兰盘上，如图 3-46 所示。

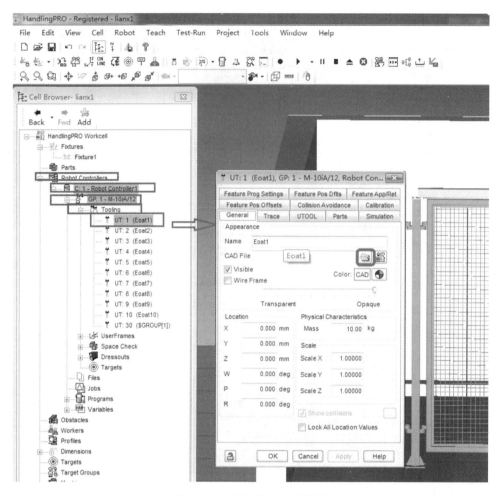

图 3-45　打开机器人工具界面

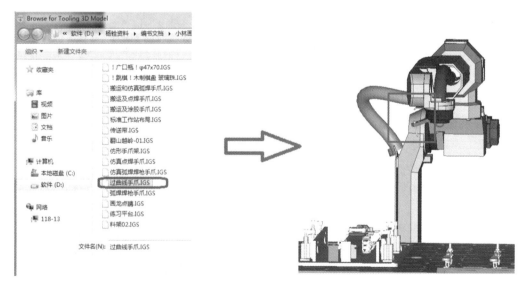

图 3-46　添加手爪模型

（3）手爪模型调出后其位置并不完全准确，因此需要对手爪模型位置进行调整。点中手爪模型，拖动绿色的坐标系调整手爪模型位置，使其和第 6 轴法兰盘位置相互对接，如图 3-47 所示。

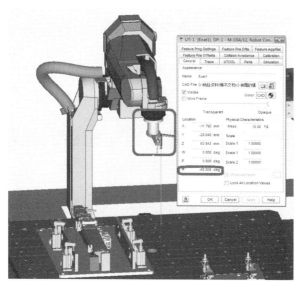

图 3-47　调整手爪模型位置效果

4）导入轨迹练习模型

轨迹练习模型导入的方法和前面导入标准工作站的方法一样。此处导入的是一个正方体加三角形立方体，如图 3-48 所示。导入轨迹模型对应的文件名为"正方形零件 2. IGS"。

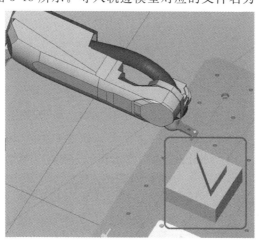

图 3-48　导入正方体和三角形立方体后的效果

三、在仿真软件中练习使工业机器人按轨迹移动

练习任务 1：用仿真软件中的示教器按正方形轨迹移动工业机器人。

练习要求：利用工业机器人的关节坐标系和世界坐标系，用示教器操控工业机器人，使工业机器人工具上的尖端沿着模型中最外侧正方形的轮廓运动，完成一个运动周期后回到起始点。

练习任务 2：用仿真软件中的示教器按复杂轨迹移动工业机器人。

练习要求:利用工业机器人的关节坐标系和世界坐标系,用示教器操控工业机器人,使工业机器人工具上的尖端先沿着正方形模型的外侧运动,然后再沿着三角形的最外侧运动,完成一个运动周期后回到起始点。

思考与练习

问答题

1. 导入外部模型的方法和步骤是什么?

2. 如何导入仿真软件系统内的模型?

◀ 任务4　搬运工作站基本运动指令的编程与调试 ▶

【能力目标】

灵活应用基本动作指令。

【知识目标】

掌握基本动作指令的使用步骤和设置方法。

【素质目标】

能够按工艺规范编写机器人程序和进行仿真调试。

一、任务描述和分析

1. 任务描述

以项目 3 任务 3 构建的工作站为基础,将"翻山越岭"模型导出,如图 3-49(a)所示,然后编程控制工业机器人第 6 轴上的工具,使工业机器人按照如图 3-49(b)所示的路径规划从 A 点向 B 点运行,完成动作后回到工作起始点,在运行的过程中需要在 C 点停留 5s。

(a)

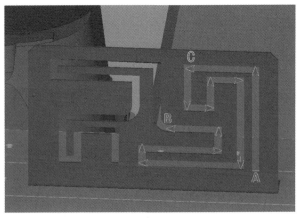

(b)

图 3-49　工业机器人直线运动任务

2. 任务分析

（1）完成上述任务，需要在模型库中导出"翻山越岭-01.IGS"模型，然后把模型放到工作台上的相应位置。

（2）对工业机器人进行编程，需要用到工业机器人的运动指令，让工业机器人按照如图3-49（b）所示的轨迹行走。

二、实现任务的方法和步骤

1. 导入模型

在"Fixtures"中从指定路径导入"翻山越岭-01.IGS"模型，具体方法和工作站的模型导入方法一样。导入成功后，调整"翻山越岭-01.IGS"模型到合适位置，效果如图3-50所示。

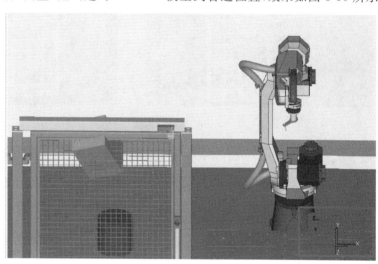

图 3-50　导入"翻山越岭-01.IGS"模型效果

2. 在示教器中建立程序

（1）在示教器上点击"SELECT"键，在弹出的界面中选择"创建"选项进入"创建 TP 程序"界面，然后选择"大写"选项，在英文字母选项中完成"LX100"程序名的输入，点击"ENTER"键确认，即可完成程序的构建。整个过程如图3-51所示。

（2）进入程序编辑界面。建立好程序后，可以直接选择"编辑"键进入程序编辑界面，也可以重新按下"SELECT"键找到刚才建立的"LX100"程序，然后移动光标选中该程序，点击"ENTER"键进入该程序的编辑界面，如图3-52所示。

3. 编写程序

1）动作指令的应用

在工业机器人的应用中，最常用的就是动作指令，工业机器人从某个点移动到另外一个点就需要用到动作指令。FANUC 机器人常用的动作指令有两大类，分别是直线动作指令（英文字母 L 开头）和关节动作指令（英文字母 J 开头）。为工业机器人进行动作点设置时弹出的动作指令选择界面如图3-53所示。

（1）直线动作指令。直线动作指令的典型格式如图3-54所示，程序中出现"@"符号时，表示该点为工业机器人当前位置。工业机器人移动到想要的工作点后，选择示教器上的"点"选项，移动光标就可以调出直线动作指令。

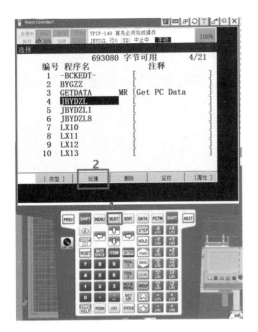
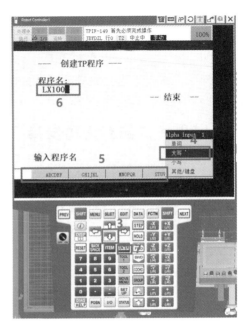

图 3-51　创建 TP 程序步骤

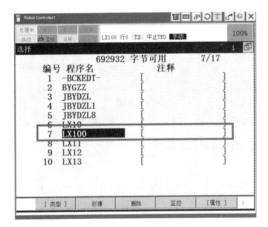
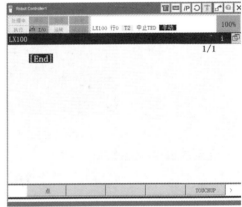

图 3-52　程序编辑界面

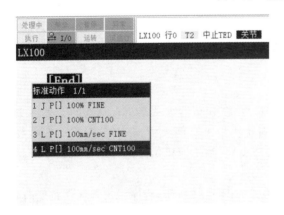
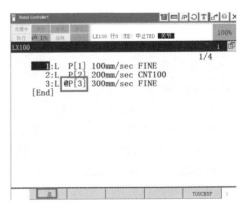

图 3-53　运动点动作指令选择界面　　　　　图 3-54　直线动作指令

　　直线动作指令的格式说明如图 3-55 所示,最后的 FINE 和 CNT 是两种不同的模式。选择 FINE 模式时,工业机器人运动到一个点后会直线运动到另外一个点,而选择 CNT 模式,工业机器人在运动到一个点后向另外一个点运动时则会产生一定的运动弧度,弧度的大小取决于 CNT 后面数字的大小。是否选用 CNT 模式应根据工艺需求来决定。直线动作指令运动模式轨迹示例如图 3-56 所示。

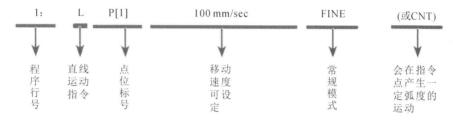

图 3-55　直线动作指令格式说明

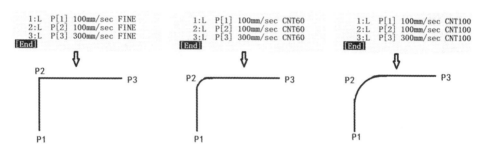

图 3-56　直线动作指令运动模式轨迹示例

　　(2)关节动作指令。关节动作指令是工业机器人动作指令的另外一种类型,如图 3-57 所示。当在两点间选择关节动作指令运动时,工业机器人不一定会走直线,而将按其内部算法中最优的方式在两点间运动。其指令格式说明如图 3-58 所示。关节动作指令同样有 FINE 模式和 CNT 模式两种,其运动原理和直线动作指令一样。

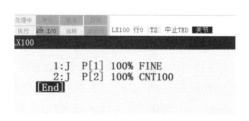

图 3-57　关节动作指令

1:　　J　　P[1]　　100%　　FINE　　(或CNT)

程序行号　　关节运动指令　　点位标号　　运动速度占最高设定速度的百分比　　常规模式　　会在指令点产生一定弧度的运动

图 3-58　关节动作指令格式说明

需要注意的是,工业机器人在运动的时候,若 J1 到 J6 轴接近或都为 0°会产生奇异点,工业机器人无法用直线动作指令通过奇异点,因此,在规划运动轨迹的时候,如需要经过奇异点则必须用关节动作指令。若用直线动作指令通过奇异点则会报警,在示教器有报警显示,如图 3-59 所示,如用关节动作指令通过图中的 P[3]点则不会报警。

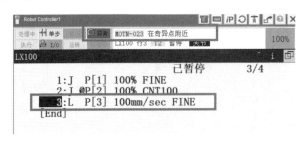

图 3-59　奇异点报警

2) 编程实现任务并进行仿真模拟

具体步骤如下:

(1) 设定工业机器人的工作起始点 P[1]。FANUC 机器人工作的时候,我们习惯给它设定一个工作起始点,即在关节坐标系下,将 J5 轴设定为"-90",其他轴设为"0"。工作起始点的具体设置方法:在程序中任意取一个点,然后选择"位置 HUP"菜单进行设置,如图 3-60所示。

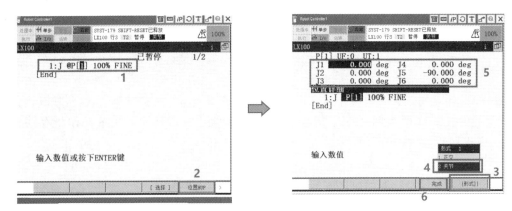

图 3-60　工业机器人工作起始点设定步骤

(2) 在世界坐标系和关节坐标系下,根据任务要求找到相应的工作点,进行设定。需要注意的是,工业机器人在未进入"翻山越岭"模型轨迹前可以用关节动作指令,进入后则需要用直线动作指令进行编程,需要做好规划。

(3) 在"LX100"的程序里,在仿真软件手动模式下整理运行程序,如图 3-61 所示,将模式开关打到"ON"→将光标移至程序第一行→按下"STEP"键选择连续运行模式→按下"SHIFT"键→按下"FWD"键。

3) 在实训设备上调试程序

在实训设备上与仿真软件中调试程序的方法和步骤基本一致,不同之处在于,在实训设备运行的时候,需要将示教器背面的黄色"DEADMAN"开关按到工作位,然后同时按下"SHIFT"键和"FWD"键才能驱动工业机器人。

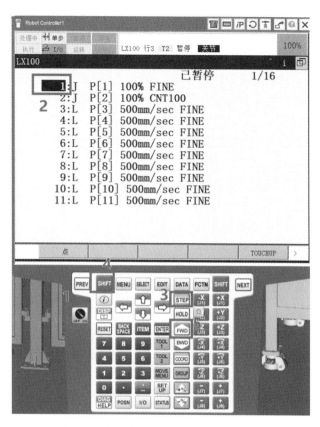

图 3-61　在仿真软件中手动调试程序步骤

思考与练习

一、填空题

1. 关节动作指令用英文字母＿＿＿＿＿＿表示，直线动作指令用英文字母＿＿＿＿＿＿表示。

2. 当程序中出现"@"符号时，表示该点为工业机器人＿＿＿＿＿＿。

3. "翻山越岭-01. IGS"模型应该从＿＿＿＿＿＿中导入。

4. "SELECT"键的作用是＿＿＿＿＿＿。

5. FANUC 机器人常用的动作指令有两大类，分别是＿＿＿＿＿＿和＿＿＿＿＿＿。

6. CNT 模式下工业机器人会在运动到一个点后向另外一个点运动时会产生一定的＿＿＿＿＿＿，＿＿＿＿＿＿的大小取决于 CNT 后面数字的大小。

7. 工业机器人在运动的时候，若 J1 到 J6 轴接近或都为＿＿＿＿＿＿会产生奇异点。

8. 工业机器人无法用＿＿＿＿＿＿指令通过奇异点。

二、判断题

1. FINE 模式下工业机器人运动到一个点后会直线运动到另外一个点。　　　（　　）

2. CNT 模式时，工业机器人运动轨迹弧度越大说明 CNT 后面数字越小。　　　（　　）

3. 当在两点间选择关节动作指令运动时，工业机器人一定会走直线。　　　（　　）

4. 需要经过奇异点的时候必须用直线动作指令。　　　（　　）

5. 工业机器人在运动的时候若 J1 到 J6 轴接近或都为 90°会产生奇异点。　　　（　　）

6. 在两点间选择关节动作指令运动时,工业机器人不一定会走直线,而将按其内部算法中最优的方式在两点间运动。 （　　）

7. 在创建和编辑程序时一定要使示教器的有效开关处于"OFF"的状态。 （　　）

8. 在实训设备上调试程序的方法和步骤与仿真软件中调试完全不一样。 （　　）

9. 关节动作指令同样可以进行 FINE 模式和 CNT 模式的选择。 （　　）

三、问答题

1. 定位类型 FINE 和 CNT 的区别是什么？

2. 简述 FANUC 机器人的奇异点产生的位置。

3. 简述直线动作指令的组成结构。

工业机器人工作站运动的调试

项目 3 中,我们已经学习了如何应用工业机器人的仿真软件搭建工程项目,并且学习了用仿真软件编写基本的运动程序,在本项目中,我们将进一步学习如何编程实现工业机器人的复杂运动。

◀ 任务 1　圆弧和等待指令的运用 ▶

【能力目标】

灵活掌握圆弧及等待指令的应用。

【知识目标】

掌握圆弧及等待指令的使用方法、步骤和参数设置。

【素质目标】

按照工艺要求灵活实现圆弧及等待指令的应用。

在项目 3 中我们利用仿真软件学习了工业机器人的编程,学习了利用基本动作指令完成对"翻山越岭"模型的部分路径的行走,即完成了工业机器人从 A 点到 B 点的行走,但是,到 B 点后,我们发现再往前走将会有一段圆弧形的路径,如图 4-1 所示,而我们用先前学习的直线或者关节动作指令是无法轻易通过此路径的,因此,遇到类似路径的时候我们需要用到专门的圆弧动作指令。

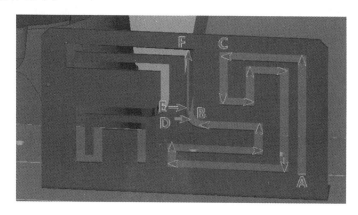

图 4-1　工业机器人圆弧运动任务

一、任务描述和分析

1. 任务描述

（1）利用工业机器人第 6 轴上的工具，以"翻山越岭"模型为对象，如图 4-1 所示，使工业机器人以 A 点为对象路径的起点，到达 C 点后停留 5 s，然后继续沿着路径依次通过 B 点、D 点、E 点和 F 点，完成本次任务后回到工作原点。

（2）在仿真软件中完成功能的仿真模拟。

（3）在实训设备上完成编程和调试。

2. 任务分析

（1）任务中需要在 C 点停留 5 s，因此需要用到工业机器人的等待指令。

（2）到达 B 点后需要经过一段圆弧，因此需要用到工业机器人的圆弧动作指令。

（3）其他点的动作用前面所学的直线和关节动作指令即可实现。

二、实现任务的方法和步骤

1. 将工业机器人移动到 C 点

打开"LX100"程序，然后通过仿真软件中的示教器将工业机器人单步调试到 C 点，具体步骤如图 4-2 所示。

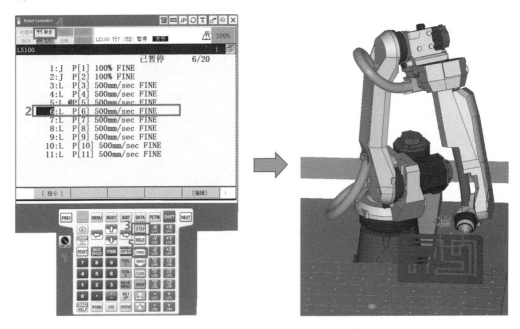

图 4-2　将工业机器人移动到 C 点的步骤

2. 插入 C 点等待指令

工业机器人第 6 轴上的工具运动到 C 点后需要停留 5 s，因此需要插入一段等待指令。等待指令插入的具体方法和步骤如下：

（1）在第 6 行和第 7 行间插入 1 个空行。具体操作如图 4-3 所示，首先将光标移动到第 7 行，然后选择"编辑"菜单，选中"插入"，弹出"插入多少行？"后输入数字"1"后按"ENTER"

键即可。

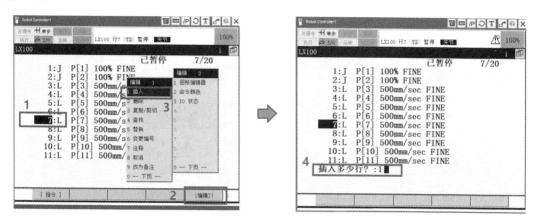

图 4-3　插入空行步骤

（2）在空行中插入"WAIT"指令。插入"WAIT"指令的步骤如图 4-4 所示。插入"WAIT"指令后需对其进行设置。设置"WAIT"指令的步骤如图 4-5 所示，将光标移动到时间处，选择"直接指定"，在示教器上输入时间数值即可。

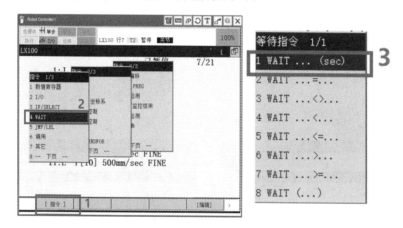

图 4-4　插入"WAIT"指令步骤

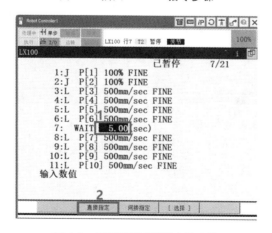

图 4-5　设置"WAIT"指令的步骤

从图 4-4 中我们看到，调用出"WAIT"指令后，会出现多种形式，除了能调用等待时间的格式外,还能调用比较的格式。比较格式在实际应用中也会经常用到,我们以"WAIT … ＝ …"格式为例来学习如何使用比较格式。

通过"选择"菜单可以选择比较的对象,如图 4-6 所示,可以数字量输入口为对象,也可以存储器为对象进行比较,只有比较条件成立,才可以运行下一步程序。具体哪种类型的对象,需要根据控制工艺要求进行选择。

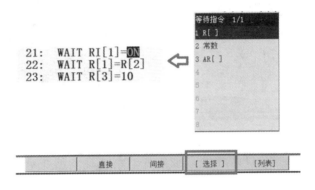

图 4-6 "WAIT"指令比较格式

3. 调出 B 点圆弧动作指令

将工业机器人按轨迹要求调试到 B 点,通过任务分析知道,B 点之后工业机器人将运行一段圆弧轨迹,因此在 B 点我们需要调出一段圆弧动作指令,具体方法和步骤如图 4-7 所示,用示教器在世界坐标系下将工业机器人第 6 轴法兰盘上的工具移动到 D 点,之后在下一行空行位置用点动作指令调出一段 FINE 模式指令,然后点击"选择"菜单,在弹出的菜单中选中"圆弧"选项,调用完成后的界面如图 4-8 所示。

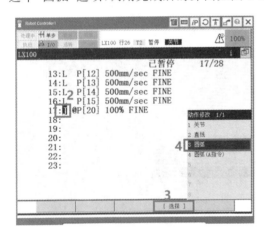

图 4-7 圆弧动作指令调用的步骤

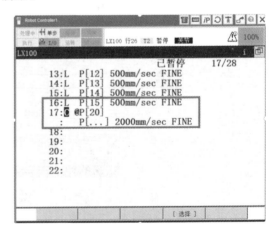

图 4-8 圆弧动作指令调用完成后界面

在调出圆弧指令的时候,可以看见有两种圆弧动作指令可以调用,在这里我们只介绍最常用的一种调用方式。圆弧动作指令的使用最关键的是设置 3 个点,即圆弧的起点、中间点和终点,在本任务中,圆弧的起点是 B 点,中间点是 D 点,终点是 E 点,完成上面的步骤后,起点和中间点的位置就设置好了,最后一步是设置圆弧终点,具体步骤如图 4-9 所示,即将光标移到终点程序设置处→用示教器在世界坐标系下移动工业机器人到 E 点→在示教器上按下"SHIFT"键→在示教器上选择"TOUCHUP",完成设置。

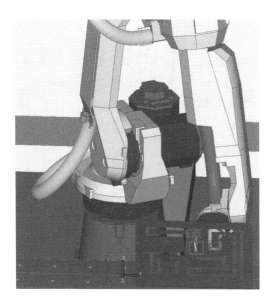

图 4-9 圆弧终点设置的步骤

注意:

在使用圆弧动作指令的时候,假如要进行一个弧度很大的圆弧运动,则应将这个大弧度的圆弧路径分成多个小段,每个小段调用圆弧动作指令完成动作,这样可以保证工业机器人在理想轨迹上的运动精度较高。

完成圆弧动作指令的调用和设置后,后续路径的工作点即可用常规的动作指令完成。

最后,还应按任务要求完成程序的编写和工业机器人的仿真运行,以及在实训设备上完成编程和调试。

思考与练习

一、填空题

1.调用等待时间的格式,系统默认的时间单位是_____。

2.一条圆弧指令需要示教_____个点。

3.“WAIT”指令除了能调用_____格式外,还能调用_____格式。

4.圆弧动作指令的使用最关键的是设置 3 个点,即圆弧的_____、_____和_____。

5.要进行一个弧度很大的圆弧运动的时候,可以将这个大弧度的_____分成多个小段。

6.圆弧动作指令是_____。

二、判断题

1.“WAIT”指令只能调用等待时间格式。 （ ）

2.圆弧动作指令只有一种指令。 （ ）

3.同时按下“SHIFT”键和“TOUCHUP”键,位置资料就会发生更新。 （ ）

4.完成圆弧指令的调用和设置后,后续路径的工作点即可用常规的动作指令完成。

（　　）

5.离线编程是在不使用真实的工业机器人的情况下,在软件建立的三维虚拟环境中利用仿真的工业机器人进行编程。（　　）

6.圆弧指令中的两个示教点分别是圆弧的起点和终点。（　　）

7.仿真软件中构建工作站时可以对新建工业机器人的位置、大小、3D 显示等参数进行调整。（　　）

三、问答题

1.圆弧动作指令的作用是什么?

2.等待指令的作用是什么?

3.简述调用圆弧指令的具体步骤。

◀ 任务2　编程调试常见故障的处理方法 ▶

【能力目标】

根据报警故障信息消除工业机器人产生的故障。

【知识目标】

掌握 FANUC 机器人常见故障原因;掌握消除 FANUC 机器人常见故障的方法。

【素质目标】

具有与人沟通交流能力,能查找资料完成工作任务,能将资源收集汇总成册。

在工业机器人编程调试过程中,经常会碰到一些故障,导致程序无法编写或调试。在碰到这些情况时,如果不清楚如何将故障消除,将会导致程序无法编写下去或者程序编写完成后无法进行调试。只有了解在编程或调试时经常出现的一些故障及其解决办法,才能在碰到相应的情况时及时消除故障,完成任务。

一、FANUC 机器人常见故障及原因分析

1.“SRVO-001 操作面板紧急停止”报警

当示教器上出现“SRVO-001 操作面板紧急停止”报警时,如图 4-10 所示,可能造成该故障的原因:① 控制柜或操作面板上的急停按钮被按下;② 急停电路板与急停按钮之间的导线断开;③ 急停按钮损坏。

2.“SRVO-002 示教器紧急停止”报警

当示教器上出现“SRVO-002 示教器紧急停止”报警时,如图 4-11 所示,可能造成该故障的原因:① 示教器上急停按钮被按下;② 示教器损坏。

图 4-10 操作面板紧急停止报警

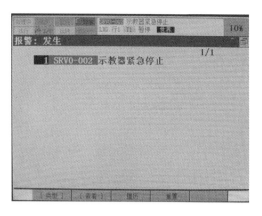

图 4-11 示教器紧急停止报警

3. "SRVO-003 安全开关已释放"报警

当示教器上出现"SRVO-003 安全开关已释放"报警时,如图 4-12 所示,可能造成该故障的原因:① 在示教器有效的状态下,尚未按下安全开关;② 在示教器有效的状态下,用力按下了安全开关。

4. "SRVO-004 防护栅打开"报警

当示教器上出现"SRVO-004 防护栅打开"报警时,如图 4-13 所示,可能造成该故障的原因:① 自动运转模式下,防护光栅之间有手或其他物体;② 在没有使用防护光栅信号情况下,急停电路板上 TBOP20 插座的 EAS1—EAS11 之间、EAS2—EAS21 之间形成短路。

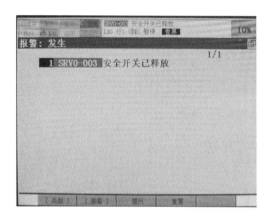

图 4-12 安全开关释放报警

图 4-13 防护栅打开报警

5. "SRVO-007 外部紧急停止"报警

当示教器上出现"SRVO-007 外部紧急停止"报警时,如图 4-14 所示,可能造成该故障的原因:① 任意一个外部急停按钮被按下;② 在没有按下外部急停按钮的情况下,急停电路板上 TBOP20 插座的 EES1—EES11 之间、EES2—EES21 之间形成短路。

6. "SRVO-037 IMSTP 输入(Group:1)"报警

当示教器上出现"SRVO-037 IMSTP 输入(Group:1)"报警时,如图 4-15 所示,可能造成该故障的原因是输入了外围设备 I/O 紧急停止软件信号。

图 4-14　外部紧急停止报警　　　　　图 4-15　IMSTP 输入（Group：1）报警

7. "SRVO-233 T1,T2 模式中示教盘关闭"报警

当示教器上出现"SRVO-233 T1,T2 模式中示教盘关闭"报警时,如图 4-16 所示,一般会同时出现"在 T1/T2 模下,示教器禁用"报警信息,可能造成该故障的原因:① 模式开关在 T1 或 T2 模式下,示教器有效(或无效)开关置于"OFF";② 模式开关在 T1 或 T2 模式下,控制柜的柜门开启着。

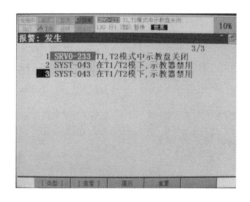

图 4-16　T1、T2 模式中示教盘关闭报警

二、FANUC 机器人常见故障的处理方法

1. "SRVO-001"报警的处理方法

"SRVO-001"报警产生的主要原因是控制柜或操作面板上的急停按钮被按下,该故障的处理方法:① 解除控制柜或操作面板上急停按钮的接通状态;② 点击示教器上"RESET"键,解除报警。

2. "SRVO-002"报警的处理方法

由于"SRVO-002"报警主要的故障原因是示教器上的急停按钮被按下,因此该故障的处理方法:① 解除示教器上急停按钮的接通状态;② 点击示教器上"RESET"键,解除报警。

3. "SRVO-003"报警的处理方法

示教器产生"SRVO-003"报警时,可用以下方法处理:① 在示教器有效的状态下,适当用力按下安全开关;② 确认控制柜或操作面板上的模式开关置于"T1"或"T2",示教器有效(或无效)开关置于"ON";③ 点击示教器上"RESET"键,解除报警。

4. "SRVO-004"报警的处理方法

"SRVO-004"报警产生的主要原因是自动运转模式下防护光栅之间有手或其他物体,可用以下方法处理:① 将置于防护光栅之间的手或其他物体移开;② 点击示教器上"RESET"键,解除报警。

5. "SRVO-007"报警的处理方法

示教器产生"SRVO-007"报警时,处理方法:① 确认是哪一个外部急停按钮被按下,解除该外部急停按钮的接通状态;② 点击示教器上"RESET"键,解除报警。

6. "SRVO-037"报警的处理方法

示教器产生"SRVO-037"报警时,可用以下方法处理:① 确认是哪一个外部急停按钮被按下,解除该外部急停按钮的接通状态;② 点击示教器上"RESET"键,解除报警。

7. "SRVO-233"报警的处理方法

示教器产生"SRVO-233"报警时,可用以下方法处理:① 模式开关在 T1 或 T2 模式下,将示教器的有效(或无效)开关置于"ON";② 将控制柜的柜门关闭;③ 点击示教器上"RESET"键,解除报警。

在实际使用 FANUC 机器人的过程中还可能会出现很多其他的故障,需要使用人员学会查看 FANUC 机器人厂家提供的故障手册进行故障排除。

思考与练习

一、填空题

1.控制柜或操作面板上的急停按钮被按下,示教器上出现的报警代码为_____。

2.急停电路板与急停按钮之间的导线断开,示教器上出现的报警代码为_____。

3.在示教器有效的状态下,_____,示教器上出现"SRVO-003 安全开关已释放"报警。

4.任意一个外部急停按钮被按下,示教器上出现_____报警。

5.输入了外围设备 I/O 的紧急停止软件信号,示教器上出现_____报警。

二、判断题

1.示教器上急停按钮被按下,发生"SRVO-001 操作面板紧急停止"报警。　　　　( )

2.当示教器上出现"SRVO-003 安全开关已释放"报警时,说明示教器损坏。　　　( )

3.示教器上出现"SRVO-233"报警代码,说明 T1、T2 模式中示教盘关闭。　　　　( )

三、问答题

1.当示教器上出现"SRVO-001 操作面板紧急停止"报警时,可能造成该故障现象的原因是什么? 如何处理?

2.当示教器上出现"SRVO-002 示教器紧急停止"报警时,可能造成该故障现象的原因是什么? 如何处理?

3.当示教器上出现"SRVO-003 安全开关已释放"报警时,可能造成该故障现象的原因是什么? 如何处理?

4.当示教器上出现报警代码"SRVO-004",说明出现了什么故障?

工业机器人坐标系的应用

在项目 2 中,我们已经学习了 FANUC 机器人坐标系的分类,本项目中我们就来学习如何设置和使用工具坐标系和用户坐标系。

◀ 任务 1　三点法设置工具坐标系 ▶

【能力目标】

设置符合要求的工具坐标系中心点。

【知识目标】

了解工具坐标系;掌握三点法设置工具坐标系。

【素质目标】

具备资料查询能力,能与他人沟通处理问题。

一、工具坐标系概述

工业机器人是通过在末端安装不同的工具完成各种作业任务的,工具坐标系的准确度直接影响工业机器人的轨迹运动精度,所以工具坐标系标定是工业机器人控制器必须具备的一项功能。工业机器人的工具坐标系的 X 轴、Y 轴、Z 轴如图 5-1 所示。

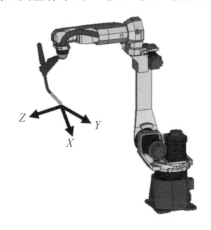

图 5-1　工业机器人的工具坐标系示意

(1) 定义工具中心点(tool central point,TCP)的位置和工具姿势的直角坐标系为工具坐标系。工具坐标系需要在编程前进行定义。如果未定义工具坐标系,将由机械接口坐标系替代工具坐标系。机械接口坐标系是在工业机器人的机械接口(机械手腕法兰盘面)中定义的标准笛卡儿坐标系,该坐标系被固定在事先确定的位置(工业机器人 J6 轴的法兰盘中心),工具坐标系基于该坐标系而设定,如图 5-2 所示。

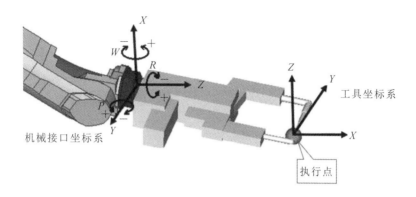

图 5-2　机械接口坐标系与工具坐标系

(2) 用户最多可以设置 10 个工具坐标系。

(3) 工具坐标系的设置方法有三点法、六点法(XZ)、六点法(XY)、二点＋Z 法、四点法和直接输入法 6 种,我们常采用的是三点法。

二、三点法设置工具坐标系的步骤

三点法设置工具坐标系的步骤如下:

(1) 依次操作"MENU"(菜单)—"设置"—"坐标系",按"ENTER"键进入工具坐标系设置界面,如图 5-3 所示。

(2) 按"F3"—"坐标",选择"工具坐标系",进入工具坐标系的设置界面,如图 5-4所示。

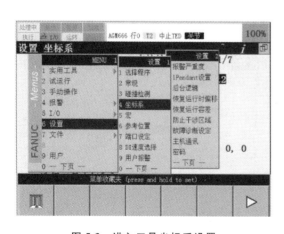

图 5-3　进入工具坐标系设置　　　　图 5-4　选择工具坐标系

(3) 移动光标选择需要设置的工具坐标系编号,如图 5-5 所示。

(4) 按"F2"—"详细"进入详细界面,如图 5-6 所示。

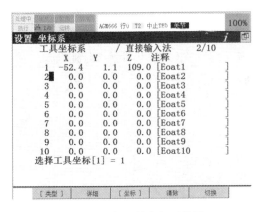

图 5-5　选择工具坐标系编号

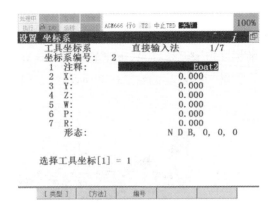

图 5-6　详细界面

（5）按"F2"—"方法"，移动光标，选择所用的设置方法"三点法"，如图 5-7 所示。

（6）按"ENTER"键，进入三点法设置界面，如图 5-8 所示。

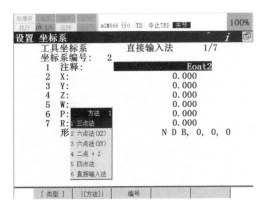

图 5-7　选择三点法

图 5-8　三点法设置界面

（7）记录接近点 1：①移动光标到接近点 1（approach point 1）；②把示教坐标系切换成世界坐标系后移动工业机器人，使工具尖端接触到基准点；③按"SHIFT"＋"F5"—"记录"进行记录；④记录完成后，"未初始化"变成"已记录"，如图 5-9 所示。

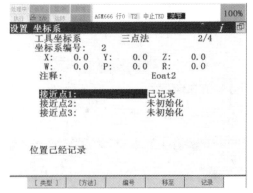

图 5-9　记录接近点 1

（8）记录接近点 2：① 移动光标到接近点 2（approach point 2）；② 在示教坐标系为全局坐标系的情况下，将工具抬起至少 50 mm，以保证安全；③ 把示教坐标系切换成关节坐标系,旋转 J6 轴(法兰盘面)至少 90°,不要超过 360°;④ 把示教坐标系切换成全局坐标系后移动工业机器人,使工具尖端接触到基准点;⑤ 按"SHIFT"+"F5"—"记录"进行记录,记录完成后"未初始化"变成"已记录",如图 5-10 所示。

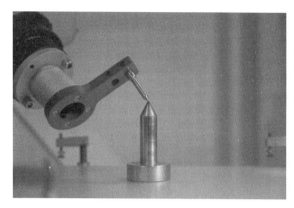
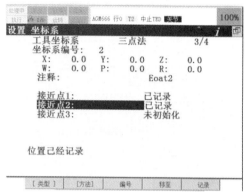

图 5-10　记录接近点 2

(9) 记录接近点 3:① 移动光标到接近点 3(approach point 3);② 在示教坐标系为全局坐标系的情况下,将工具抬起至少 50 mm,以保证安全;③ 把示教坐标系切换成关节坐标系,旋转 J4 轴和 J5 轴,不要超过 90°;④ 把示教坐标系切换成世界坐标系后移动工业机器人,使工具尖端接触到基准点;⑤ 按"SHIFT"+"F5"—"记录"进行记录,如图 5-11所示。

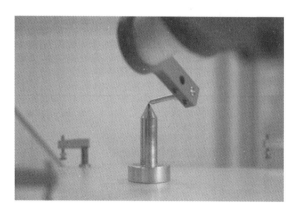
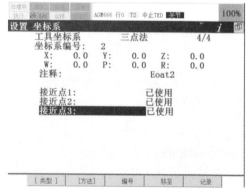

图 5-11　记录接近点 3

三、项目考核

1. 考核的设置

教师任意指定一个工具坐标系,学生按照要求设置该工具坐标系。

2. 项目考核配分及评分标准

项目考核配分及评分标准如表 5-1 所示。

表 5-1   工具坐标系设置项目考核配分及评分标准

序号	主要内容	考核要求	评分标准	配分	扣分	得分
1	前期准备	能正常启动工业机器人	（1）相应开关没有复位，扣 5 分； （2）安全门等其他安全装置没关好，扣 5 分； （3）TP 开关没有正确操作，扣 5 分	10		
2	设置过程	（1）熟练控制工业机器人各轴的运动； （2）熟练操作示教器； （3）设置过程中工业机器人的姿态合理	（1）不能熟练控制工业机器人各轴的运动，每错 1 次方向扣 5 分； （2）操作示教器不熟练，每按错 1 次按键扣 2 分； （3）设置过程中，记录位置时工业机器人的姿态不合理，每次扣 10 分	40		
3	验收工具坐标系	（1）用时合理； （2）记录每一个点的位置精确度符合要求； （3）熟练操作、检验工具坐标系	（1）设置过程在 10 分钟内，每超过 1 分钟扣 5 分； （2）记录点的位置时，每个坐标方向超 1 mm 扣 5 分； （3）不能熟练操作、检验工具坐标系，扣 10 分； （4）设置的工具坐标系超出标准要求，扣 40 分	40		
4	安全事项	（1）在操作期间保证周边人员的人身安全； （2）保证设备安全	（1）设置过程中伤及周边人员安全，扣 10 分； （2）操作过程中设备有撞击现象，扣 10 分	10		
			合计	100		
备注		考评员签字			年 月 日	

思考与练习

一、填空题

1.定义工具中心点(TCP)的位置和工具姿势的_____为工具坐标系。

2.未定义工具坐标系时，将由_____坐标系替代工具坐标系。

3.工业机器人的机械接口坐标系被固定在工业机器人_____轴的法兰盘中心。

4.用户最多可以设置_____个工具坐标系。

5.设置工具坐标系的方法有_____、_____、六点法(XY)、二点＋Z 法、四点法和_____。

6.记录接近点 2 时，把示教坐标系切换成_____，旋转 J6 轴（法兰盘面）至少_____，不要超过_____。

二、判断题

1.工具坐标系的准确度直接影响工业机器人的轨迹运动精度。   （   ）

2.用户最多可以设置 9 个工具坐标系。   （   ）

3.对工业机器人进行操作、编程和调试时，工业机器人坐标系可以不设置。 （ ）

4.从事焊接的工业机器人需要在 J6 轴的法兰盘上安装焊枪或者焊钳，因此在编程之前需要设定新的工具坐标系。 （ ）

三、问答题

1.什么是工业机器人机械接口坐标系？

2.三点法记录 3 个接近点的要求是什么？

◀ 任务 2 六点法设置工具坐标系 ▶

【能力目标】

设置符合要求的工具坐标系中心点。

【知识目标】

了解工具中心点的位置和姿态；掌握六点法设置工具坐标系的方法和步骤。

【素质目标】

具备资料查询能力，能与他人沟通处理问题。

采用三点法设置工具坐标系时，工具坐标系的中心点只是在直角坐标空间进行移动，也就是说工具中心点只是改变了位置，但其姿态并没有发生改变。改变工具中心点的姿态就需要采用另外的方法来实现。在本任务中，采用六点法设置工具坐标系既实现了工具中心点位置的改变，又实现了工具中心点姿态的变化。

以六点法（XY）为例，六点法设置工具坐标系的步骤如下：

（1）依次操作"MENU"（菜单）—"设定"—"坐标系"，按"ENTER"键确认，进入坐标系设置界面，如图 5-12 所示。

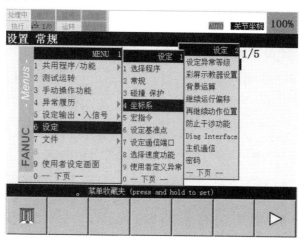

图 5-12 进入坐标系设置

（2）进入坐标系设置界面后，按"F3"—"坐标"，选择"工具坐标系"，如图 5-13 所示，进入工具坐标系的设置界面。

（3）移动光标到所需设置的工具坐标系编号处，如图 5-14 所示，按"F2"—"详细"，进入详细界面。

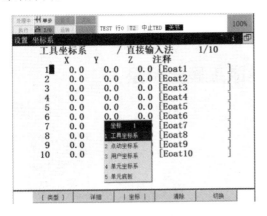

图 5-13　选择工具坐标系

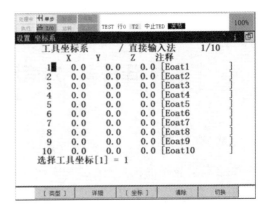

图 5-14　选择工具坐标系编号

（4）在工具坐标系详细界面中按"F2"—"方法"，移动光标，选择所用的设置方法"六点法（XY）"，如图 5-15 所示，按"ENTER"键确认。

用六点法（XY）设置工具坐标系时需要为工业机器人示教 6 个点，如图 5-16 所示。在没有示教接近点的时候，每个接近点后面显示"未初始化"；如果已经为工业机器人示教了点位，则显示"已使用"。每个接近点分 3 步示教，即调姿态、点对点、记录。

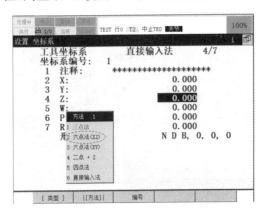

图 5-15　选择六点法（XY）

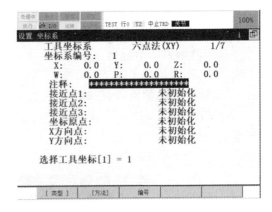

图 5-16　设置 6 个点

注意：

记录工具坐标系的 X 和 Y 方向点时，可以通过将所要设定的工具坐标系的 X 轴和 Y 轴平行于世界坐标系轴的方向，使操作简单化。

（5）记录接近点 1 的方法是：① 移动光标到接近点 1；② 把示教坐标系切换成世界坐标系后移动工业机器人，使工具尖端接触到基准点；③ 按"SHIFT"+"F5"—"记录"，完成记录。

（6）记录接近点 2：① 沿世界坐标系的 +Z 方向移动工业机器人 50 mm 左右；② 移动

光标到接近点 2；③ 把示教坐标系切换成关节坐标系，旋转 J6 轴（法兰盘面）至少 90°，不要超过 180°；④ 把示教坐标系切换成世界坐标系后移动工业机器人，使工具尖端接触到基准点；⑤ 按"SHIFT"＋"F5"—"记录"，完成记录。

（7）记录接近点 3：① 沿世界坐标系的＋Z 方向移动工业机器人 50 mm 左右；② 移动光标到接近点 3；③ 把示教坐标系切换成关节坐标系，旋转 J4 轴和 J5 轴，不要超过 90°；④ 把示教坐标系切换成世界坐标系，移动工业机器人，使工具尖端接触到基准点；⑤ 按"SHIFT"＋"F5"—"记录"，完成记录。

（8）记录坐标原点：① 沿世界坐标系的＋Z 方向移动工业机器人 50 mm 左右；② 移动光标到接近点 1；③ 按"SHIFT"＋"F4"—"移至"，使工业机器人回到接近点 1；④ 移动光标到坐标原点；⑤ 按"SHIFT"＋"F5"—"记录"，完成记录。

（9）定义＋X 方向点：① 移动光标到 X 方向点；② 把示教坐标系切换成世界坐标系；③ 移动工业机器人，使工具沿所需要设定的＋X 方向至少移动 250 mm；④ 按"SHIFT"＋"F5"—"记录"，完成记录。

（10）定义＋Y 方向点：① 移动光标到坐标原点；② 按"SHIFT"＋"F4"—"移至"，使工业机器人恢复到坐标原点；③ 移动光标到 Y 方向点；④ 移动工业机器人，使工具沿所需要设定的＋Y 方向（以世界坐标系方式）至少移动 250 mm；⑤ 按"SHIFT"＋"F5"—"记录"，完成记录。

当 6 个点记录完成，新的工具坐标系被自动计算生成，如图 5-17 所示。

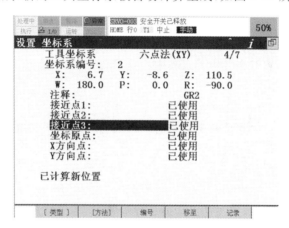

图 5-17 新的工具坐标系参数

X、Y、Z 数值代表当前设置的 TCP 相对于 J6 轴法兰盘中心的偏移量；W、P、R 数值代表当前设置的工具坐标系与默认工具坐标系的旋转量。

思考与练习

一、填空题

1. 用六点法设置工具坐标系时需要为工业机器人示教_____个点。

2. 在没有示教接近点的时候，每个接近点后面显示_____，如果已经为工业机器人示教了点位，则显示_____。

3. 六点法设置工具坐标系时，每个接近点分 3 步示教，即_____、_____、_____。

4.需要记录点位时可以按_____键记录。

5.在示教下一个记录点前,应沿世界坐标系+Z方向移动工业机器人_____mm左右。

6.按_____键可使工业机器人回到光标所在的记录点。

7.定义+X方向点,移动工业机器人,使工具沿所需要设定的+X方向至少移动_____mm。

8.定义+Y方向点,移动工业机器人,使工具沿所需要设定的+Y方向(以世界坐标系方式)至少移动_____mm。

9.X、Y、Z数据代表当前设置的TCP相对于J6轴法兰盘中心的_____。

二、判断题

1.X、Y、Z数值代表当前设置的TCP相对于J5轴法兰盘中心的偏移量。　　　　　(　　)

2.W、P、R数值代表当前设置的工具坐标系与用户坐标系的旋转量。　　　　　(　　)

3.工具坐标系六点示教法包括六点(XY)示教法和六点(XZ)示教法。　　　　　(　　)

三、问答题

1.六点法中,6个记录点的要求是什么?

2.如何记录坐标原点?

任务3　直接输入法设置工具坐标系及激活、验证工具坐标系

【能力目标】

使用直接输入法设置符合要求的工具中心点;激活工具中心点并验证其正确性。

【知识目标】

掌握采用直接输入法设置工具坐标系的步骤;掌握工具坐标系的激活及验证方法。

【素质目标】

具备资料查询方法能力,能与他人沟通处理问题。

在设置工具坐标系时,可以用三点法,可以用六点法,同样也可以使用其他方法,如直接输入法。在实际生产中,反复地交换使用两个工具坐标系,且两个工具中心点数据固定时,还有必要再使用其他的方法进行工具中心点设置吗?设置的工具中心点如何验证是否正确?通过学习本任务,可以掌握设置工具坐标系的另一种方法,以及激活并验证已经设置的工具坐标系的方法。

一、直接输入法设置工具坐标系

(1)依次操作"MENU"(菜单)—"设置"—"坐标系",按回车键确认,进入坐标系设置界面,如图5-18所示。

(2)进入坐标系设置界面后,按"F3"—"坐标",选择"工具坐标系",如图5-19所示,进入

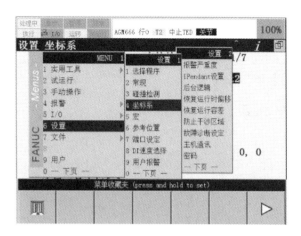

图 5-18 坐标系设置进入路径

工具坐标系的设置界面。

（3）移动光标到所需设置的工具坐标系编号处，如图 5-20 所示，按"F2"—"详细"。

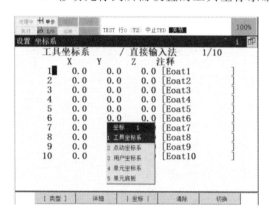

图 5-19 选择工具坐标系

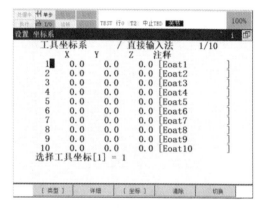

图 5-20 选择工具坐标系编号

（4）在工具坐标系详细界面中按"F2"—"方法"，移动光标，选择所用的设置方法"直接输入法"，如图 5-21 所示，按"ENTER"键确认。

（5）移动光标到相应的项，用数字键输入数值，按"ENTER"键确认，重复这一步骤，直到将工具坐标系的位置和姿态值输入完成为止，如图 5-22 所示。

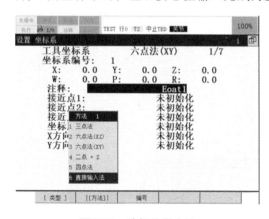

图 5-21 选择设置方法

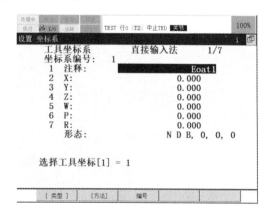

图 5-22 直接输入数值

那么,如何才能知道工具坐标系的位置和姿态值呢?对于常用的工具坐标系来说,经常使用它就能记住它的位置和姿态值;但是对于一个新的工具坐标系,无法用直接输入法来确定这个值,只能使用三点法或者六点法示教工业机器人 3 个或 6 个点位,让工业机器人计算出新的工具坐标系的位置和姿态值,这样才可以使用直接输入法输入。

二、激活工具坐标系

设置完工具坐标系后,是不是就能使用工具坐标系了呢?怎么才能知道设置的工具坐标系是否满足需要呢?要使用已经设置好的工具中心点,必须先将相应的工具坐标系激活,然后再进行验证,符合要求的工具坐标系才能在生产中使用。

激活工具坐标系的方法有两种。

1. 第一种激活方法

(1)通过三点法设置的工具坐标系,直接按"PREV"(前一页)键,或者操作"MENU"菜单—"设置"—"坐标系",回到工具坐标系设置界面,如图 5-23 所示。

(2)按"F5"—"切换",屏幕中出现"输入坐标系编号:",如图 5-24 所示。

图 5-23　工具坐标系设置界面

图 5-24　输入坐标系编号界面

(3)用数字键输入所需激活的工具坐标系编号,按"ENTER"键确认,屏幕中将显示被激活的工具坐标系编号,即当前有效工具坐标系编号,也可以按"SHIFT"+"COORD"键,显示工具坐标系编号,如图 5-25 所示。

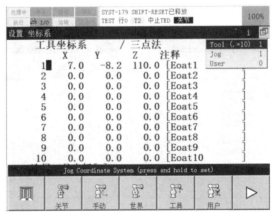

图 5-25　当前有效工具坐标系编号显示

2. 第二种激活方法

（1）按"SHIFT"＋"COORD"键，界面右上方弹出对话框，如图 5-26 所示。

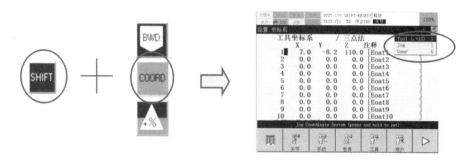

图 5-26 "SHIFT"＋"COORD"键调出对话框

（2）把光标移到"Tool"（工具）行，用数字键输入所要激活的工具坐标系编号。到此，工具坐标系的激活就完成了。

三、验证工具坐标系

验证工具坐标系需要验证 X 轴、Y 轴、Z 轴方向以及验证工具中心点位置。

1. 验证 X 轴、Y 轴、Z 轴方向

（1）将工业机器人的示教坐标系通过"COORD"键切换成工具坐标系，如图 5-27 所示。

图 5-27 切换成工具坐标系

（2）示教工业机器人分别沿 X 轴、Y 轴、Z 轴方向运动，使用图 5-28 所示的工业机器人偏移运动键，检查工具坐标系的方向设定是否符合要求。

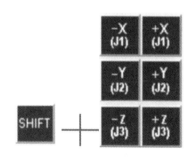

图 5-28 工业机器人偏移运动键

2. 验证 TCP 位置

（1）将工业机器人的示教坐标系通过"COORD"键切换成世界坐标系，如图 5-29 所示。

图 5-29 切换成世界坐标系

（2）移动工业机器人对准基准点，示教工业机器人绕 X 轴、Y 轴、Z 轴旋转，使用图 5-30 所示的工业机器人旋转运动键，检查 TCP 的位置是否符合要求。

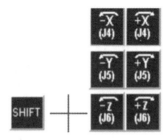

图 5-30 工业机器人旋转运动键

验证工具坐标系时,根据机器人的应用要求,如果所得偏差不符合要求,则需重复设置步骤。

思考与练习

一、填空题

1.直接输入法设置工具坐标系时,移动光标到相应的项,用_____键输入值。

2.直接输入法设置工具坐标系是将_____和_____数据直接输入。

3.验证工具坐标系需要验证_____和_____位置。

4.激活工具坐标系的方法有_____和_____两种。

5.验证 TCP 位置应将坐标系改为_____。

二、判断题

1.工具坐标系的设置方法不包括直接输入法。　　　　　　　　　　　( )

2.验证工具坐标系时,如果所得偏差不大就可以。　　　　　　　　　( )

三、问答题

1.激活工具坐标系的方法有几种? 分别是什么?

2.简述检验工具坐标系的方法。

◀ 任务 4　设置用户坐标系 ▶

【能力目标】

用三点法建立用户坐标系。

【知识目标】

掌握建立用户坐标系的意义。

【素质目标】

能检验用户坐标系的偏差是否在允许范围内。

一、认识用户坐标系

用户坐标系是由用户对每个作业空间进行定义的坐标系,它可使工业机器人在多个空间坐标系中更方便地工作。工业机器人的其中一个用户坐标系如图 5-31 所示。

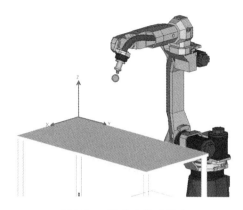

图 5-31　用户坐标系示意

（1）用户坐标系属于直角坐标系，它用于位置寄存器的示教和执行、位置补偿指令的执行等。在没有被定义的时候，用户坐标系将由世界坐标系来替代。

（2）用户坐标系通过相对世界坐标系的坐标系原点的位置（X，Y，Z）和 X 轴、Y 轴、Z 轴的旋转角 W、P、R 来定义。

（3）用户最多可以设置 9 个用户坐标系。

（4）用户坐标系设置方法有三点法、四点法和直接输入法 3 种。

二、三点法设置用户坐标系

（1）依次操作"MENU"（菜单）—"设置"—"坐标系"，进入坐标系设置界面，如图 5-32 所示。

（2）按"ENTER"键，设置坐标系，如图 5-33 所示。

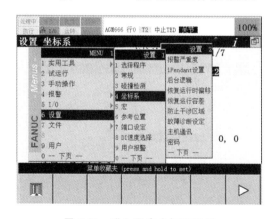

图 5-32　进入用户坐标系设置

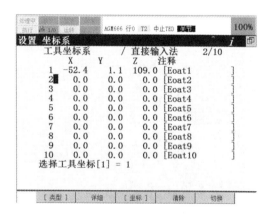

图 5-33　设置坐标系

（3）按"F3"—"坐标"—"用户坐标系"，进入用户坐标系的设置界面，如图 5-34 所示。

（4）移动光标至想要设置的用户坐标系，按"F2"—"详细"，选择用户坐标系编号，如图 5-35 所示。

（5）按"F2"—"方法"，如图 5-36 所示。

（6）移动光标，选择"三点法"，按"ENTER"键确认，进入具体设置界面，如图 5-37 所示。

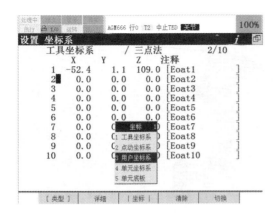

图 5-34　设置用户坐标系

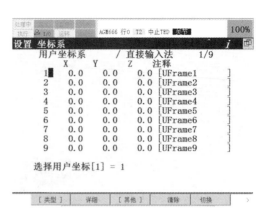

图 5-35　选择用户坐标系编号

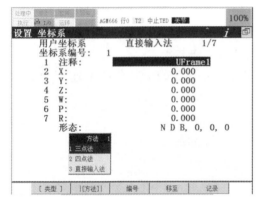

图 5-36　选择用户坐标系设置方法

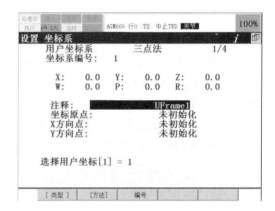

图 5-37　三点法设置用户坐标系界面

（7）记录坐标原点。移动工业机器人，使工具尖端接触到坐标原点，如图 5-38（a）所示，将示教器显示屏中的光标移至"坐标原点"，按"SHIFT"+"F5"—"记录"进行记录。当记录完成，"未初始化"变成"已记录"，如图 5-38（b）所示。

(a)

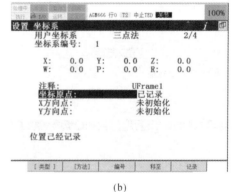

(b)

图 5-38　用户坐标系原点记录

（8）记录 X 方向点，如图 5-39 所示。步骤如下：① 示教工业机器人沿用户希望的 $+X$ 方向至少移动 250 mm；② 示教器显示屏中光标移至"X 方向点"行，按"SHIFT"+"F5"—"记录"，记录位置；③ 记录完成，"未初始化"变为"已记录"；④ 移动光标到坐标原点；⑤ 按"SHIFT"+"F4"—"移至"，使示教点回到坐标原点。

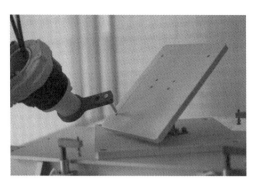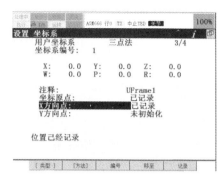

图 5-39 记录 X 方向点

（9）记录 Y 方向点，如图 5-40 所示。步骤如下：① 示教工业机器人沿用户希望的 +Y 方向至少移动 250 mm；② 示教器显示屏中光标移至"Y 方向点"行，按"SHIFT"+"F5"—"记录"，记录位置；③ 记录完成，"未初始化"变为"已使用"；④ 移动光标到坐标原点；⑤ 按"SHIFT"+"F4"—"移至"，使示教点回到坐标原点。

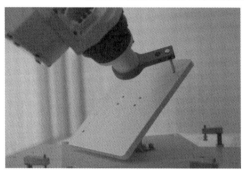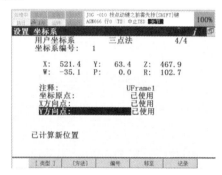

图 5-40 记录 Y 方向点

记录所有点后，相应的坐标项内有数据生成：X、Y、Z 的数据，代表当前设置的用户坐标系的原点相对于世界坐标系的偏移量；W、P、R 的数据，代表当前设置的用户坐标系相对于世界坐标系的旋转量。

三、检验用户坐标系

（1）同时按下"SHIFT"键和"COORD"键，示教器显示如图 5-41 所示，按"F5"选择用户坐标系。

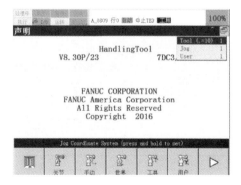

图 5-41 检验用户坐标系示教器显示

（2）按工业机器人偏移运动键，示教工业机器人分别沿 X 轴、Y 轴、Z 轴方向运动，检查用户坐标系的方向设定是否有偏差。若所得偏差不符合要求，对以上所有步骤进行重新设置。

四、项目考核

1. 考核的设置

教师任意指定一个用户坐标系，学生按照要求设置该用户坐标系。

2. 项目考核配分及评分标准

项目考核配分及评分标准如表 5-2 所示。

表 5-2　用户坐标系设置项目考核配分及评分标准

序号	主要内容	考核要求	评分标准	配分	扣分	得分
1	前期准备	能正常启动工业机器人	（1）没有复位相应开关，扣5分； （2）安全门等其他安全装置没关好，扣5分； （3）TP开关没有正确操作，扣5分	10		
2	设置过程	（1）熟练控制工业机器人各轴的运动； （2）熟练操作示教器； （3）设置过程中工业机器人的姿态合理	（1）不能熟练控制工业机器人各轴的运动，每错一次方向扣5分； （2）操作示教器不熟练，每按错一次按键扣2分； （3）设置过程中，记录位置时工业机器人的姿态不合理，每次扣10分	40		
3	验收用户坐标系	（1）用时合理； （2）记录每一个点的位置精确度符合要求； （3）熟练操作、检验用户坐标系	（1）设置过程在10分钟内，每超过1分钟扣5分； （2）记录点的位置时，每个坐标方向超1mm扣5分； （3）不能熟练操作、检验用户坐标系，扣10分； （4）设置的用户坐标系超出标准要求，扣40分	40		
4	安全事项	（1）在操作期间保证周边人员的人身安全； （2）保证设备安全	（1）设置过程中伤及周边人员安全，扣10分； （2）操作过程中设备有撞击现象，扣10分	10		
备注			合计	100		
		考评员签字			年　月　日	

思考与练习

一、填空题

1. _____是由用户对每个作业空间进行定义的直角坐标系。

2. 用户坐标系用于位置寄存器的_____、_____的执行等。

3. 用户最多可以设置_____个用户坐标系。

4. 记录 X 方向点时，示教工业机器人应沿用户希望的 +X 方向至少移动_____ mm。

5. X、Y、Z 的数据，代表当前设置的用户坐标系的原点相对于_____的偏移量。

6. 用户坐标系设置的方法有_____、_____和_____。

7. 检验用户坐标系应在_____下，示教工业机器人分别沿 X 轴、Y 轴、Z 轴方向运动。

8. 在用户坐标系设置过程中，当设置点后出现_____，代表当前点已经记录。

9. 设置用户坐标系时，如已选择好需要移动的点位，可以按_____移动选定的点位。

二、判断题

1. 用户最多可以设置 10 个用户坐标系。　　　　　　　　　　（　　）

2. 同时按"SHIFT"+"F4"键，可以切换坐标系。　　　　　　（　　）

3. 检验用户坐标系时，应把示教器的坐标系切换到世界坐标系。　（　　）

4. W、P、R 的数据，代表当前设置的用户坐标系相对于用户坐标系的旋转量。（　　）

5. 设置用户坐标系的方法有三点法、四点法和直接输入法 3 种。（　　）

三、问答题

1. 如何检验用户坐标系？

2. 简述采用三点法设置用户坐标系的步骤。

工业机器人控制指令的应用

在前面的项目中我们已经学习了工业机器人的基本动作、示教器的基本功能使用、常用取点指令简单调试等,本项目主要学习工业机器人的控制程序设计,包括工业机器人程序指令的用法、程序编写、目标点示教、调试运行等,通过编写程序控制工业机器人运行,使工业机器人完成一系列动作,如搬运、码跺、弧焊等。

◀ 任务 1 程序编辑指令的应用 ▶

【能力目标】

应用插入、删除、复制(或剪切)、粘贴指令。

【知识目标】

了解其他程序编辑指令;掌握常用程序编辑指令的应用;掌握粘贴指令的使用要求;了解工业机器人搬运工作站布局。

【素质目标】

具有一定的思辨能力、信息收集和处理能力、分析和解决问题能力及交流与合作能力。

一、插入空白行

指令要求:将所需数量的空白行插到现有的程序语句之间;插入空白行后,重新赋予行编号。

操作步骤如下:

(1) 按"SELECT"键进入程序编辑界面,按"NEXT"切换功能键内容,使"F5"键对应编辑功能,如图 6-1 所示。

(2) 移动光标到所需要插入空白行的位置(空白行将插在光标行之前),按"F5"—"编辑"—"插入",并回车确认,如图 6-2 所示。

(3) 屏幕下方会提示"插入多少行?",用数字键输入所需要插入的行数(例如,插入 3 行,输入数字 3),并回车确认,插入空白行后界面如图 6-3 所示。

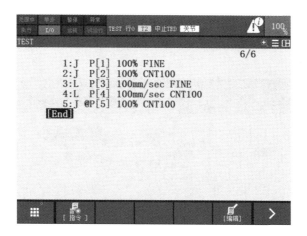

图 6-1　程序编辑界面

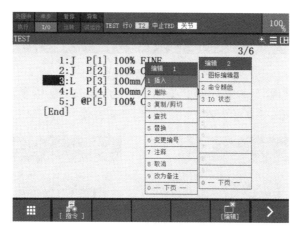

图 6-2　选择插入位置

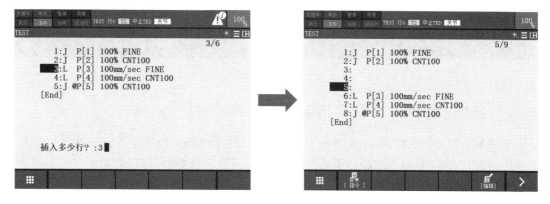

图 6-3　插入指定空白行行数

二、删除指定行

指令要求：将指定的程序语句从程序中删除；删除程序语句后，重新赋予行编号。

操作步骤如下：

（1）按"SELECT"键进入程序编辑界面，按"NEXT"键切换功能键内容，使"F5"对应编辑功能。

（2）移动光标到所需要删除的指定行,按"F5"—"编辑"—"删除",并回车确认,如图 6-4
所示。

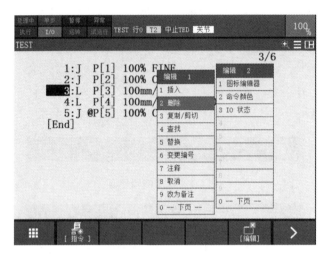

图 6-4　选择删除行位置

（3）屏幕下方会出现"是否删除行?"提示,移动光标选中所需要删除的行(可以是单行
或是连续的几行),如图 6-5 所示,按"F4"—"是",即可删除所选行。

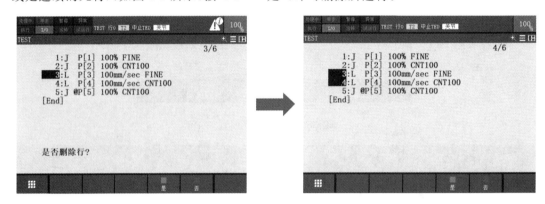

图 6-5　删除指定行

三、复制(或剪切)、粘贴指定内容

指令要求:复制(或剪切)一连串的程序语句集,插入(粘贴)程序中的其他指定位置;复
制程序语句时,选择复制源的程序语句范围,将其记录到存储器中;程序语句一旦被复制,可
以多次插入(粘贴)使用。

1.复制(或剪切)指令

操作步骤如下:

（1）进入程序编辑界面,按"NEXT"键,使"F5"键对应编辑功能。

（2）移动光标到所要复制(或剪切)的程序行。

（3）按"F5"(编辑)键,移动光标到"复制/剪切"项,如图 6-6 所示,并回车确认。

（4）按"F2"(选择),屏幕下方会出现复制和剪切两个选项,如图 6-7 所示。

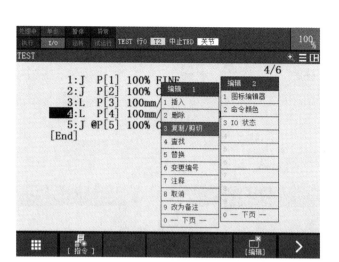

图 6-6 选择"复制/剪切"指令

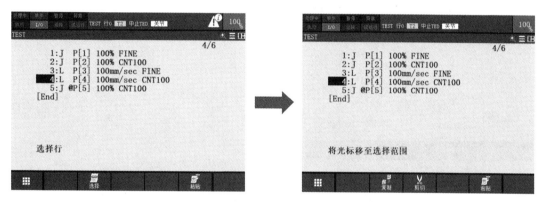

图 6-7 选择复制(或剪切)指令

(5) 向上或向下拖动光标,选择需要复制(或剪切)的指定行,然后根据需求选择"F2"—"复制"或者"F3"—"剪切",出现如图 6-8 所示的画面。

2. 粘贴指令

操作步骤如下:

(1) 先复制或剪切所需内容。

(2) 移动光标到所需粘贴的行(注:插入式粘贴,不需要先插入空白行)。

(3) 按"F5"—"粘贴",屏幕下方会提示"在该行之前粘贴吗?",如图 6-9 所示。

(4) 选择合适的粘贴方式进行粘贴。粘贴方式:① 逻辑粘贴,按"F2"—"逻辑",在动作指令中的位置编号为"…"(位置尚未示教)的状态下插入粘贴,即不粘贴位置信息,如图 6-10 所示;② 位置 ID 粘贴,按"F3"—"位置 ID",在未改变动作指令中的位置编号及位置数据的状态下插入粘贴,即粘贴位置信息和位置编号,如图 6-11 所示;③ 位置数据粘贴,按"F4"—"位置数据",在未更新动作指令中的位置数据,但位置编号被更新的状态下插入粘贴,即粘贴位置信息并生成新的位置编号,如图 6-12 所示;④ 逆序粘贴,按"NEXT"键显示下一个功能键菜单,如图 6-13 所示,按不同逆序粘贴方式,操作步骤不同。

逆序粘贴方式分 5 种:① R-LOGIC(倒序逻辑),按"F1"键,在动作指令中的位置编号为"…"(位置尚未示教)的状态下,按照与复制源指令相反的顺序插入粘贴;② R-POSID(倒序

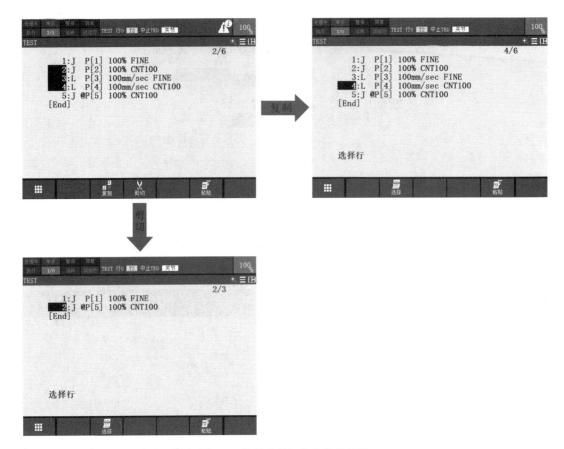

图 6-8　复制或剪切指令执行结果

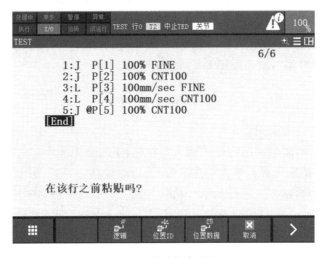

图 6-9　粘贴指令确认

位置编号），按"F2"键，在与复制源的动作指令的位置编号及格式保持相同的状态下，按照相反的顺序插入粘贴；③ RM-POSID（倒序动作位置编号），按"F3"键，在与复制源的动作指令的位置编号保持相同的状态下，按照相反的顺序插入粘贴，为了使动作与复制源的动作完全相反，需更改各动作指令的动作类型、动作速度；④ R-POS（倒序位置数据），按"F4"键，在与复制源的动作指令的位置数据保持相同，而位置编号被更新的状态下，按照相反的顺序插入

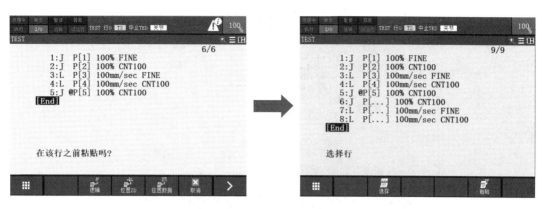

图 6-10 逻辑粘贴

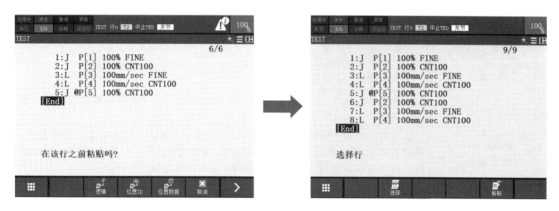

图 6-11 位置 ID 粘贴

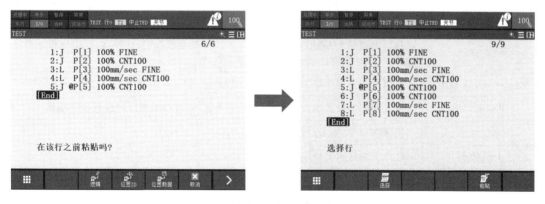

图 6-12 位置数据粘贴

粘贴;⑤ RM-POS(倒序动作位置数据),按"F5"键,在与复制源的动作指令的位置数据保持相同,而位置编号被更新的状态下,按照相反的顺序插入粘贴,为了使动作与复制源的动作完全相反,需更改各动作指令的动作类型、动作速度。

四、其他程序编辑指令

除以上指令外,常用的程序编辑指令如表 6-1 所示。

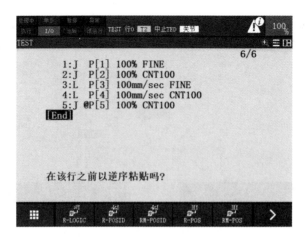

图 6-13　逆序粘贴功能键菜单

表 6-1　其他常用程序编辑指令

指 令 项 目	指令应用说明
Find(查找)	查找所指定的程序指令要素
Replace(替换)	将所指定的程序指令要素替换为其他要素,如更改影响程序的设置数据时可使用该功能
Renumber(变更编号)	以升序重新赋予程序中的位置编号;位置编号在每次对动作指令进行示教时,自动累加生成,反复执行插入和删除操作,位置编号在程序中会显得凌乱无序,通过变更编号指令的应用,可使位置编号在程序中依序排列
Comment(注释)	可以在程序编辑画面内对以下指令的注释进行显隐切换,但不能对注释进行编辑:DI 指令、DO 指令、RI 指令、RO 指令、GI 指令、GO 指令、AI 指令、AO 指令、UI 指令、UO 指令、SI 指令、SO 指令;寄存器指令;位置寄存器指令(包含动作指令的位置数据格式的位置寄存器);码垛寄存器指令;动作指令的寄存器速度指令
Undo(取消)	可以取消指令的更改、行插入、行删除等程序编辑操作;若在编辑程序的某一行时执行取消操作,则相对该行执行的所有操作全部取消;此外,在行插入和行删除操作中,取消所有已插入的行和已删除的行
Remark(改为备注)	可以对多条指令添加备注,或者予以解除;被备注的指令,在行的开头显示"//"
图标编辑器	进入图标编辑界面,在带触摸屏的 TP 上,可直接触摸图表进行程序编辑
命令颜色	使某些命令(如 I/O 命令)以彩色显示
I/O 状态	在命令中显示 I/O 的实时状态

思考与练习

一、填空题

1.移动光标选中所需要复制的行,可以复制_____或_____。

2.删除程序中的语句时,可以删除_____或_____。

3.查找指令可以查找所指定的_____。

4.取消操作可以取消指令的_____、_____、_____等程序编辑操作。

5.被备注的指令,在行的开头显示_____。

6.改为备注指令可以对＿＿＿＿＿＿添加备注,或者予以＿＿＿＿＿＿。

二、判断题

1.插入空白行时一次只可以插入一行。　　　　　　　　　　　　　　　（　　　）

2.移动光标到所需要插入空白行的位置,空白行插在光标行之后。　　（　　　）

3.程序语句一旦被复制,可以多次插入(粘贴)使用。　　　　　　　　（　　　）

4.插入式粘贴,不需要先插入空白行。　　　　　　　　　　　　　　　（　　　）

三、问答题

1.逻辑粘贴、位置 ID 粘贴、位置数据粘贴的区别是什么?

2.取消操作可以取消多少次操作?

◀ 任务 2　寄存器指令的应用 ▶

【能力目标】

使用寄存器指令编写工业机器人控制程序。

【知识目标】

掌握寄存器指令的应用及注意事项。

【素质目标】

培养以实验探究为主的研修能力,能合理提出假设,设计探究计划,通过观察、调查或实验获取有关信息。

一、寄存器类型

寄存器支持四则运算及“MOD”(两值相除后的余数)、“DIV”(两值相除后的整数)运算。例如,寄存器支持如下运算:R[1]＝R[2]＋R[3]－R[4]。

> 注意:
> 一行中最多可以添加 5 个运算符,如 R[1]＝R[2]＊R[3]＊R[4]＊R[5]/R[6]/R[7]。
> 运算符“＋”“－”可以在相同行混合使用,“＊”“/”也可以在相同行混合使用,但是“＋”“－”和“＊”“/”不可以混合使用。

常用寄存器的类型有如下 3 种。

1. 一般寄存器

一般寄存器符号是 R[i],其中 i＝1,2,3,…,i 是寄存器号。R[i]的值可以是常数(constant),则寄存器值为 R[i]时,位置寄存器的值为 PR[i,j],信号状态为 DI[i],程序计时器的值为 Timer[i]。FANUC 机器人默认情况下提供 200 个一般寄存器。

2. 位置寄存器

位置寄存器 PR[i]是记录位置信息的寄存器,其中 i 为位置寄存器号。位置寄存器主要存储的数据有直角坐标系和关节坐标系两种,分别为直角坐标系的 6 个数据(X、Y、Z、W、P、R)和关节坐标系 6 个关节位置数据(J1、J2、J3、J4、J5、J6)。位置寄存器可以进行加减运算,用法与一般寄存器类似。FANUC 机器人默认情况下提供 100 个位置寄存器。

位置寄存器要素指令 PR$[i,j]$存储的是直角坐标系或者关节坐标系的某一个数据,其要素指令与坐标系的数据对应关系如表 6-2 所示,可以进行运算。位置寄存器要素指令 PR$[i,j]$可以赋值给一般寄存器 R$[i]$,但是位置寄存器不可以赋值给一般寄存器 R$[i]$。

表 6-2　位置寄存器要素指令与坐标系的数据对应关系

j 的取值	LPOS(直角坐标系)	JPOS(关节坐标系)
$j=1$	X	J1
$j=2$	Y	J2
$j=3$	Z	J3
$j=4$	W	J4
$j=5$	P	J5
$j=6$	R	J6

3. 字符串寄存器

字符串寄存器,存储英文、数字的字符串。每个字符串寄存器,最多可以存储 254 个字符。字符串寄存器的标准个数为 25 个。字符串寄存器数可在控制启动时增加。

二、查看寄存器值

(1) 按"DATA"键,调出寄存器界面。

(2) 按"F1"—"类型",显示寄存器类型,如图 6-14 所示。

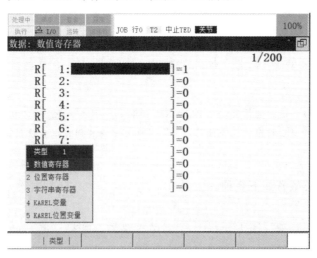

图 6-14　寄存器类型选择界面

(3) 移动光标选择"数值寄存器",按"ENTER"(回车)键。

(4) 把光标移至寄存器编号后,按"ENTER"(回车)键。

（5）把光标移到数值寄存器的值处，使用数字键可直接修改数值。输入具体注释。（见图 6-15）

（6）在程序中加入寄存器指令。步骤如下：① 进入编辑界面；② 按"F1"—"指令"，选择寄存器运算指令（见图 6-16）；③ 选择寄存器值的类型（见图 6-17），按"ENTER"键确认；④ 选择所需要的指令格式，按"ENTER"键确认；⑤ 根据光标位置选择相应的项，输入值即可。（见图 6-18）

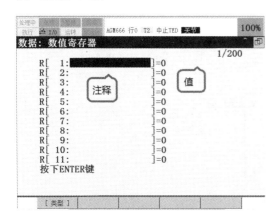

图 6-15　数值寄存器的值及注释的输入界面

图 6-16　选择寄存器运算指令

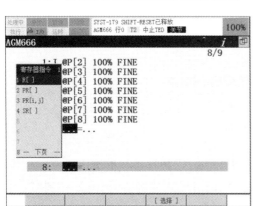

图 6-17　选择寄存器值的类型

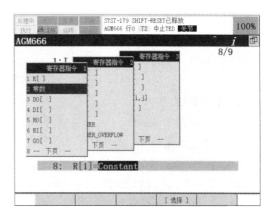

图 6-18　寄存器赋值界面

三、寄存器指令练习

1. 编程练习

输入以下程序，看看工业机器人是否按如图 6-19 所示的轨迹运动。

```
1:PR[1]=LPOS    //将工业机器人当前位置保存至 PR[1]中，并且以直角（将"LPOS"改为"JPOS"即为
                  关节）坐标形式显示出来
2:PR[2]=PR[1]
3:PR[2,1]=PR[1,1]+100    //将 PR[1]中的第一个元素自加 100，然后赋值给 PR[2]中的第一个元
                          素。如果前面的指令为 PR[1]=LPOS，那么就是将 PR[1]中的 X 数值自
                          加 100，然后将所得结果赋值给 PR[2]中的 X；如果前面的指令为
                          PR[1]=JPOS，那么就是将 PR[1]中的 J1 轴的角度自加 100，然后将所
                          得结果赋值给 PR[2]中的 J1 轴
```

```
4:PR[3]=PR[2]
5:PR[3,2]=PR[2,2]+ 100    //将 PR[2]中的第二个元素加 100 后赋值给 PR[3]的第二个元素
6:PR[4]=PR[1]
7:PR[4,2]=PR[1,2]+ 100
8:JPR[1] 100%  FINE
9:JPR[2] 100%  FINE
10:JPR[3] 100%  FINE
11:JPR[4] 100%  FINE
12:JPR[1] 100%  FINE
[END]
```

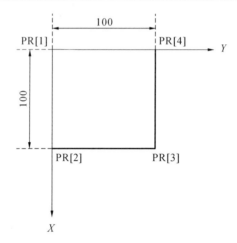

图 6-19　工业机器人应实现的运动轨迹

2. 练习步骤

(1) 创建程序 Test1。

(2) 进入编辑界面,按"F1"—"指令"。

(3) 1 至 7 行:选择"数值寄存器"项,按"ENTER"键确认,进行指令框架选择。

(4) 8 至 12 行:用"SHIFT"+"F1"—"教点资料"记录任意位置后,把光标移到"P[ ]"处,通过"F4"—"选择"选择"PR[ ]",并输入适当的寄存器位置号。

思考与练习

一、填空题

1.寄存器的运算指令,一行中最多可以添加＿＿＿＿＿＿个运算符。

2.常用寄存器有＿＿＿＿＿＿、＿＿＿＿＿＿、＿＿＿＿＿＿3 类。

3.FANUC 机器人默认情况下提供＿＿＿＿＿＿个一般寄存器。

4.位置寄存器主要存储的数据有＿＿＿＿＿＿和＿＿＿＿＿＿两种。

5.位置寄存器要素指令存储的是直角坐标系或者关节坐标系的＿＿＿＿＿＿,可以进行运算。

6.每个字符串寄存器,最多可以存储＿＿＿＿＿＿个字符,字符串寄存器的标准个数为＿＿＿＿＿＿个。

7.寄存器指令是进行寄存器＿＿＿＿＿＿的指令。

8. 位置数据有_____和_____。

二、判断题

1. 运算符"＋""－"或"＊""/"不可以在相同行混合使用。 (　　)

2. 位置寄存器 PR[i]是记录位置信息的寄存器。 (　　)

3. FANUC 机器人默认情况下提供 200 个位置寄存器。 (　　)

4. 位置寄存器要素指令 PR[i,j]不可以赋值给一般寄存器 R[i]。 (　　)

5. 位置寄存器不能进行乘法和除法运算。 (　　)

6. 数值寄存器是用来存储某一整数值或实数值的变量。 (　　)

三、问答题

1. 位置寄存器指令存储的是什么数据?

2. 简述在程序中加入寄存器指令的方法。

◀ 任务3　I/O 指令的应用 ▶

【能力目标】

掌握在真实的工业机器人上应用 I/O 指令的方法。

【知识目标】

掌握 I/O 指令的功能及作用。

【素质目标】

灵活应用 I/O 指令完成规定工作。

I/O 指令是工业机器人与外部设备构建信息交换的平台,工业机器人控制外部设备或外部设备发送控制指令给工业机器人都是通过 I/O 指令完成的,工业机器人要与第三方设备和硬件组成一个完整的控制系统,必须使用 I/O 指令。

一、常用 I/O 指令应用

1. I/O 指令的分类

I/O(输入/输出信号)指令,是改变向外围设备的输出信号状态或读取输入信号状态的指令,分为数字 I/O 指令、机器人 I/O 指令、模拟 I/O 指令及组 I/O 指令。

数字 I/O(DI/DO)指令格式如下:

```
R[i]=DI[i]
DO[i]=(value)
value=ON 发出信号,value=OFF 关闭信号
DO[i]=Pulse,(width)
width=(脉冲宽度)(0.1~25.5 s)
```

机器人 I/O(RI/RO)指令、模拟 I/O(AI/AO)指令及组 I/O(GI/GO)指令的用法和数字 I/O 指令类似。

2. 在程序中加入 I/O 指令

步骤如下：

（1）进入编辑界面。

（2）按"F1"—"指令"。

（3）选择 I/O(见图 6-20)，按"ENTER"键确认。

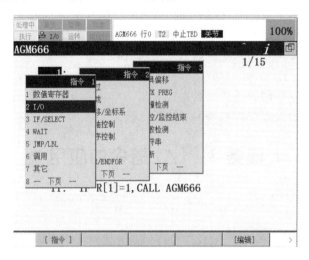

图 6-20　选择 I/O 指令

（4）选择所需要添加的 I/O 指令类型(见图 6-21)，按"ENTER"键确认。

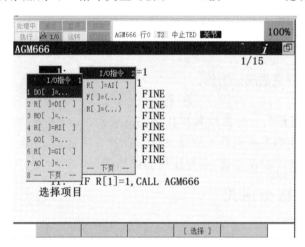

图 6-21　I/O 指令类型选择

（5）根据光标位置输入值或选择相应的项并输入值即可。

二、常用 I/O 指令练习

练习需实现的任务：工业机器人实验平台上有物料，工业机器人将物料抓取到传送带上运走，如图 6-22 所示；工业机器人从 HOME 点出发，经过 P[1] 到 P[2]，抓取工件，然后顺序经过P[1]、P[3]到 P[4]点，将工件放下；用示教器示教程序，其中 RO[2] 是工业机器人输出信号，当 RO[2]＝ON 时，手爪夹紧，抓起工件，当 RO[2]＝OFF 时，手爪松开，放下工件。

该练习中需示教的程序如下：

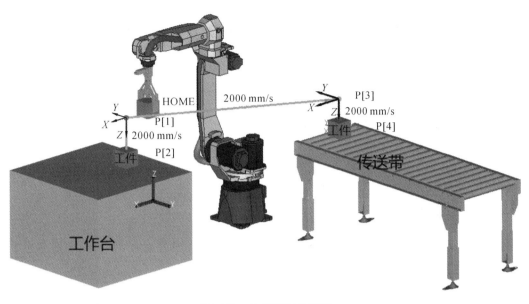

图 6-22　物料搬运示意图

```
1:J   PR[1:HOME]  100%     FINE
2:L   P[1]  2000mm/sec     CNT50
3:L   P[2]  2000mm/sec     FINE
4:RO[2]=ON
5:WAIT  0.5(sec)
6:L   P[1]  2000mm/sec     CNT50
7:L   P[3]  2000mm/sec     CNT50
8:L   P[4]  2000mm/sec     FINE
9:RO[2]=OFF
10:WAIT  0.5(sec)
11:L   P[3]  2000mm/sec    CNT50
12:J   PR[1:HOME]  100%    FINE
```

思考与练习

一、填空题

1. I/O 指令分为_____、_____、_____及_____。

2. _____是改变向外围设备的输出信号状态或读取输入信号状态的指令。

3. 模拟 I/O 指令又叫作_____。

二、判断题

1. I/O 指令只能改变向外围设备输出的信号状态。　　　　　　　　（　　）

2. 机器人 I/O 指令是用户可以控制使用的 I/O 信号。　　　　　　（　　）

3. 模拟 I/O 指令是连续的输出值。　　　　　　　　　　　　　　（　　）

三、问答题

1. I/O 指令有什么作用？

2. 如何在程序中加入 I/O 指令？

◀ 任务4 条件和等待指令的应用 ▶

【能力目标】

使用条件比较指令 IF、选择指令 SELECT、等待指令 WAIT 进行编程。

【知识目标】

掌握条件比较指令应用的注意事项。

【素质目标】

培养科学探索精神;在实验的基础上,发展理性思维,尤其是发展批判性、创造性思维;全面提高科学素养。

条件和等待指令是工业机器人指令中用于逻辑判断和执行的重要指令,也是工业机器人工作过程中最常用的指令。

一、条件比较指令 IF

指令格式如下:

```
IF  (variable)(operator)(value),(processing)
```

该指令中的变量有 R[i]、I/O,运算符包括 >、>=、=、<=、<、<>,值的类型有 "Constant"(常数)、R[i]、ON(1)、OFF(0),行为有"JMP LBL[i]"、Call(子程序)。

可以通过逻辑运算符"OR"和"AND"将多个条件组合在一起,但是"OR"和"AND"不能在同一行使用。例如,IF (条件 1)AND(条件 2)AND(条件 3)是正确的;IF (条件 1)AND(条件 2)OR(条件 3)是错误的。

1. 应用 1

```
IF  R[1]<3,JMP LBL[1]
```

如果满足 R[1]的值小于 3 的条件,则跳转到标签 1 处。

2. 应用 2

```
IF  DI[1]=ON,CALL TEST
```

如果满足 DI[1]等于 ON 的条件,则调用程序 TEST。

3. 应用 3

```
IF  R[1]<=3 AND DI[1]<> ON, JMP LBL[2]
```

如果满足 R[1]的值小于等于 3 及 DI[1]不等于 ON 的条件,则跳转到标签 2 处。

4. 应用 4

```
IF  R[1]>=3 OR DI[1]=ON,CALL TEST2
```

如果满足 R[1]的值大于等于 3 或 DI[1]等于 ON 的条件,则调用程序 TEST2。

二、条件选择指令 SELECT

只能用一般寄存器进行条件选择。指令格式如下:

```
SELECT R[variable]= (value),(processing)
              = (value),(processing)
              = (value),(processing)
ELSE (processing)
```

说明：

```
SELECT   R[1]=1,CALL TEST1
```

满足条件 R[1]＝1，调用 TEST1 程序。

```
SELECT   R[1]=2,JMP LBL[1]
```

满足条件 R[1]＝2，跳转到标签 1 处。

```
ELSE,JMP LBL[2]
```

否则，跳转到标签 2 处。

三、在程序中加入 IF/SELECT 指令

在程序中加入 IF 或 SELECT 指令步骤如下：

（1）进入编辑界面。

（2）按"F1"—"指令"。

（3）选择"IF/SELECT"（见图 6-23），按"ENTER"键确认。

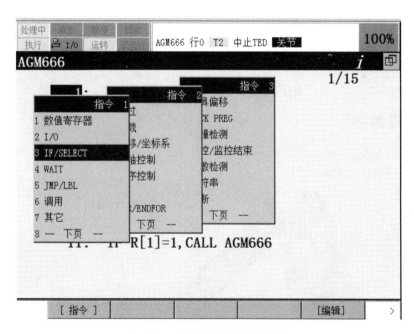

图 6-23　选择"IF/SELECT"指令

（4）选择所需要的项（见图 6-24），按"ENTER"键确认。

（5）输入值或根据光标位置选择相应的项，输入值即可。

（6）按数字键"8"可切换到 SELECT 指令并进行配置，如图 6-25 所示。

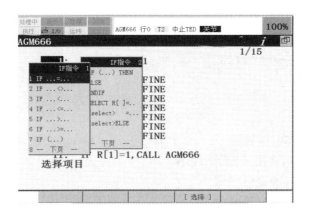

图 6-24　IF 指令项选择

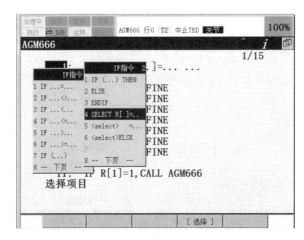

图 6-25　SELECT 指令的选择及配置

四、编程练习

【例 6-1】　要求编程使工业机器人从 HOME 点出发，按照轨迹完成 3 次循环运动后回到 HOME 点，如图 6-26 所示。

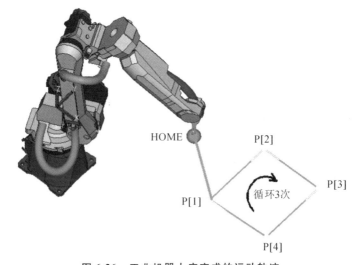

图 6-26　工业机器人应完成的运动轨迹

应编写如下程序：

```
1:J  PR[1:HOME]  1000 mm/sec  FINE   //开始运行时先回HOME点
2:R[1]=0  //寄存器清零
3:LBL[1]  //标签1,下一次循环入口
4:L  P[1]  1000 mm/sec  FINE
5:L  P[2]  1000 mm/sec  FINE
6:L  P[3]  1000 mm/sec  FINE
7:L  P[4]  1000 mm/sec  FINE
8:R[1]=R[1]+1  //运行一次自加1
9:IF  R[1]<3,JMP  LBL[1]   //判断小于3次,跳转到标签1,大于3次继续往下执行
10:J  PR[1:HOME]  1000 mm/sec  FINE
```

【例 6-2】 工业机器人在工作中需要根据输入信号对应执行的操作进行判断。要求根据条件选择 JOB1、JOB2、JOB3 中的程序执行,执行结果回到 HOME 点;当不满足选择条件时,通过寄存器 R[100]自加一次并结束程序,流程如图 6-27 所示。

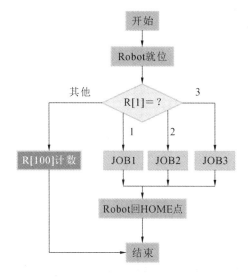

图 6-27 条件选择控制应用流程

应编写如下程序：

```
1:J  PR[1:HOME]  100%  FINE
2:L  P[1]  2000mm/sec  CNT50
3:SELECT R[1]=1,CALL JOB1
4:        =2,CALL JOB2
5:        =3,CALL JOB3
6:ELSE,JMP LBL[10]
7:L  P[1]  2000mm/sec  CNT50
8:J  PR[1:HOME]  100%  FINE
9:END
10:LBL[10]
11:R[100]=R[100]+1
[END]
```

五、等待指令 WAIT

1. 指令说明

等待指令 WAIT 是指定时间(或者条件)的指令,使程序的执行在指定时间(或者条件)内等待。等待指令 WAIT 的基本形式如下:

```
      变量        运算符    值        行为
WAIT(variable)(operator)(value),(processing)
```

其中,变量可为"Constant"(常数)、R[i]、AI/AO、GI/GO、DI/DO 以及 UI/UO;运算符包括>、>=、=、<=、<、<>;值可为 R[i]、ON(1) 和 OFF(0);行为有"Constant""TIMEROUT LBL[i]"。

应当注意,可以通过逻辑运算符"OR"和"AND"将多个表达式条件组合在一起,但"OR"和"AND"不能在同一行使用。

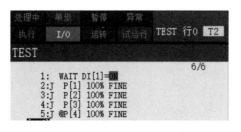

图 6-28 条件不满足时的等待指令应用

程序运行遇到不满足条件的等待语句时(见图 6-28),会一直处于等待状态,如果想继续往下运行,需要人工干预(按"FCTN"键后,选择数字键"7",或者通过方向键移动光标到"RELEASE WAIT"跳过等待语句,并在下个语句处等待)。

2. 在程序中加入 WAIT 指令

步骤如下:

(1) 进入编辑界面。

(2) 按"F1"—"指令"。

(3) 选择等待指令,按"ENTER"键确认。

(4) 选择所需要的项(见图 6-29),按"ENTER"键确认。

(5) 输入值或根据光标位置选择相应的项即可。

图 6-29 选择等待指令的项

六、项目练习

利用工业机器人基础实训平台,达到如下要求,即判断传送带上是否有物料(需要通过 I/O 配置 DI[101]模拟物料检测传感器):若有物料,则等待 3 s 后将物料抓取到仓库中进行存放;若没有物料,工业机器人回到 HOME 点并发出报警,结束程序。动作流程如图 6-30 所示。

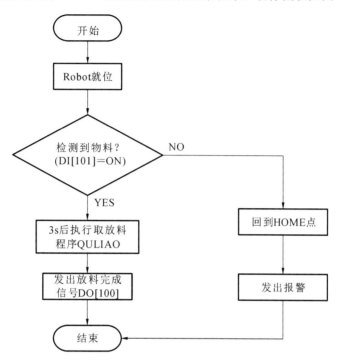

图 6-30　物料判断抓取动作流程

应编写如下程序:

```
1:J  PR[1:HOME]  100%   FINE
2:LP[1]  2000 mm/sec    CNT50
3:LP[2]  2000 mm/sec    FINE
4:$ WAITTMOUT=200  //等待时间可以在系统变量中进行设置,单位是 ms
5:WAIT DI[101]=ON TIMEOUT,LBL[1]  //超时跳转
6:CALL  QULIAO  //调用子程序指令
7:DO[100]=ON
8:END
9:LBL[1]  //超时跳转的程序入口
10:LP[1] 2000 mm/sec  CNT50
11:L PR[1:HOME] 2000 mm/sec  FINE
12:UALM[1]  //用户报警,可以在菜单的设置中设置用户报警信息
[END]
```

思考与练习

一、填空题

1.条件和等待指令是工业机器人指令中用于_____和_____的重要指令。

2.条件比较指令可以通过逻辑运算符_____和_____将多个条件组合在一起。

3._____是指定时间(或者条件)的指令,使程序的执行在_____内等待。

4.程序运行遇到不满足条件的等待语句时,会一直处于_____状态。

二、判断题

1.条件比较指令中"OR"和"AND"可以在同一行使用。　　　　　　　　(　　)

2.条件选择指令 SELECT 只能用一般寄存器进行条件选择。　　　　　(　　)

3.条件指令包括 IF 指令和 SELECT 指令。　　　　　　　　　　　　(　　)

4.WAIT 指令不可以通过逻辑运算符"OR"和"AND"将多个表达式条件组合在一起。

(　　)

三、问答题

1.WAIT 指令的变量可以是什么?

2.条件选择指令 SELECT 可以有多少个条件? 它与 IF 指令有什么区别?

◀ 任务5　常用控制指令 ▶

【能力目标】

使用跳转/标签指令 JMP/LBL、调用指令 CALL、偏置条件指令 OFFSET 等指令编写工业机器人控制程序。

【知识目标】

掌握常用指令的应用注意事项;掌握常用指令的功能。

【素质目标】

培养一定的思辨能力,信息收集和处理能力,分析、解决问题能力及交流、合作能力。

一、跳转/标签指令 JMP/LBL

1.指令说明

标签指令格式:LBL [i:comment]。其中,i 为 1~32767;"comment"为注释,最多 16 个字符。

跳转指令格式:JMP LBL [i](跳转到标签 i 处),其中 i 为 1~32767。

2.在程序中输入 JMP/LBL 指令

步骤如下:

(1)进入编辑界面。

(2)按"F1"—"指令"。

（3）选择"JMP/LBL"，如图 6-31 所示，按"ENTER"键确认，可选择跳转指令或标签指令，如图 6-32 所示。

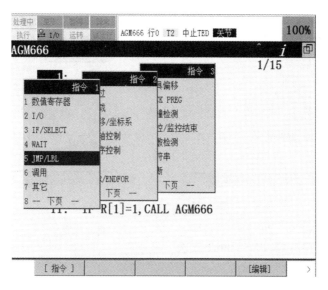

图 6-31 选择 JMP/LBL 指令

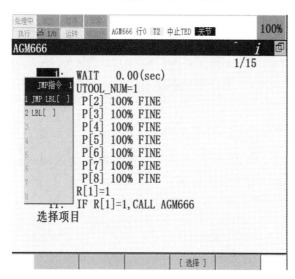

图 6-32 选择跳转指令或标签指令界面

（4）选择所需要的项，按"ENTER"键确认即可。

二、调用指令 CALL

1.指令说明

调用程序指令格式：CALL(program)。其中，"program"是需调用的程序名。

2.配置步骤

（1）进入编辑界面。

（2）按"F1"—"指令"。

（3）选择"调用"，按"ENTER"键确认。

（4）选择"调用程序"，如图 6-33 所示，按"ENTER"键，再选择所需调用的程序名。

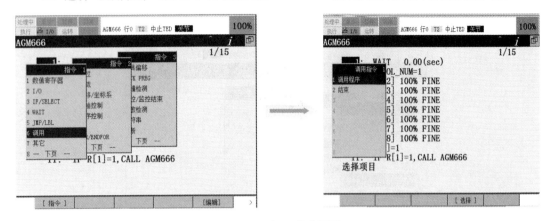

图 6-33　CALL 指令配置

（5）按"ENTER"键即可。

3. 练习：循环调用程序 TEST0001 三次

```
1:R[1]=0   //此处，R[1]表示计数器，R[1]的值应先清零
2:J P[1:HOME] 100%  FINE   //回 HOME 点
3:LBL[1]   //标签 1
4:CALL TEST0001   //调用程序 TEST0001
5:R[1]=R[1]+1  //R[1]自加 1
6:IF R[1]<3,JMP LBL[1]   //如果 R[1]小于 3，那么光标跳转至 LBL[1]处，执行程序
7:J P[1:HOME] 100%  FINE   //回 HOME 点
[END]
```

三、循环指令 FOR/ENDFOR

通常用 FOR 指令和 ENDFOR 指令来包围需要循环的区间，根据由 FOR 指令指定的值，确定循环的次数。循环指令格式如下：

```
1.FOR R[i]=(value) TO (value)
   ⋮
ENDFOR
2.FOR R[i]=(value) DOWNTO (value)
   ⋮
ENDFOR
```

"value"值为"R[ ]"或"Constant"（常数），是从 -32767 到 32766 的整数。指定循环为 TO 时，循环计数为向上计数，初始值为 TO 前面的值，当 R[i]计数值达到 TO 后面的数值时，循环结束；指定循环为 DOWNTO 时，循环计数为向下计数，初始值为 DOWNTO 前面的值，当 R[i]计数值达到 DOWNTO 后面的数值时，循环结束。

【例 6-3】 要求用 FOR 循环指令编程，使工业机器人从 HOME 点出发，按照轨迹完成 3 次循环运动后回到 HOME 点，如图 6-34 所示。

第 1 种编程方法如下：

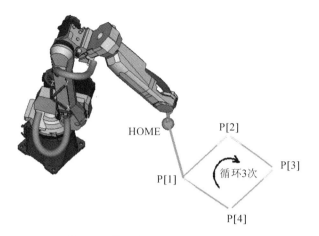

图 6-34 按照轨迹完成 3 次循环运动

```
1:J PR[1:HOME] 1000mm/sec   FINE    //开始运行时先回HOME点
2:FOR R[1]=1 TO 3 //循环指令,向上计数
4:L P[1] 1000mm/sec   FINE
5:L P[2] 1000mm/sec   FINE
6: L P[3] 1000mm/sec   FINE
7: L P[4] 1000mm/sec   FINE
8:ENDFOR   //循环结束指令
9:J PR[1:HOME] 1000mm/sec   FINE
```

第 2 种编程方法如下:

```
1:J PR[1:HOME] 1000mm/sec FINE   //开始运行时先回HOME点
2:FOR R[1]=3 DOWNTO 1   //循环指令,向下计数
4:L P[1] 1000mm/sec   FINE
5:L P[2] 1000mm/sec   FINE
6: L P[3] 1000mm/sec   FINE
7: L P[4] 1000mm/sec   FINE
8:ENDFOR   //循环结束指令
9:J PR[1:HOME] 1000mm/sec   FINE
```

四、偏置条件指令 OFFSET

1. 指令说明

偏置条件指令 OFFSET 格式:OFFSET CONDITION PR[i]。

通过此指令可以将原有的点偏置,偏置量由位置寄存器决定。偏置条件指令在程序运行结束或下一个偏置条件指令被执行前一直有效(注:偏置条件指令只对含有附加运动指令 OFFSET 的运动语句有效)。

有以下两个程序,程序 1:

```
1:OFFSET CONDITION PR[1]
2:J P[1] 100%  FINE
3:L P[2] 500mm/sec   FINE offset
4:L P[3] 500mm/sec   FINE offset
```

程序2：

```
1:J P[1] 100%  FINE
2:L P[2] 500mm/sec  FINE offset,PR[1]
3:L P[3] 500mm/sec  FINE offset,PR[2]
```

以上两个程序都是偏置条件指令的实际应用，两种写法都是正确的。区别在于，程序1中首先要声明作为偏置量的寄存器为 PR[1]，在后面的运动指令中直接加上 OFFSET 指令，默认将寄存器 PR[1] 中的数值作为偏移的量；而程序2中需要在每一次使用偏置条件指令时确定偏置的量存储于哪个寄存器中。程序1中的偏置量是固定的，而程序2中的偏置量是可以指定的、不固定的。

2. 在程序中加入偏置指令

步骤如下：

（1）进入编辑界面。

（2）按"F1"—"指令"。

（3）选择"偏移/坐标系"，按"ENTER"键确认。

（4）选择"偏移条件"项（见图6-35），按"ENTER"键确认后界面如图6-36所示。

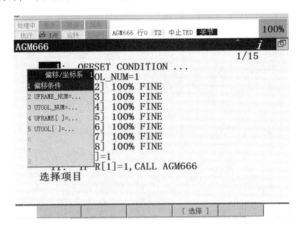

图6-35 选择 OFFSET 指令

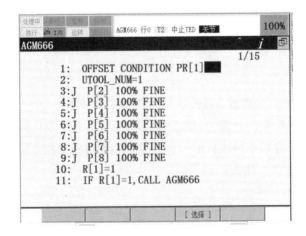

图6-36 选择"偏移条件"项后的界面

（5）选择"PR[ ]"项（见图6-37），并输入偏置的条件号即可。

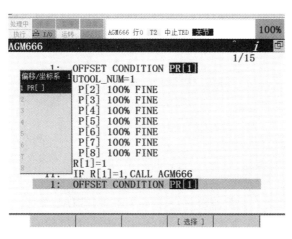

图 6-37 选择指令格式"PR[ ]"

注:具体的偏置值可通过"DATA"—"Position Reg"设置。

3.练习

在仿真软件和实验设备中输入以下程序,并查看工业机器人动作效果。

程序 1:

```
1:J P[1] 100%  FINE

2:L P[2] 500mm/sec  FINE

3:L P[3] 500mm/sec  FINE
```

程序 2:

```
1:OFFSET CONDITION PR[1]

2:J P[1] 100%  FINE

3:L P[2] 500mm/sec  FINE offset

4:L P[3] 500mm/sec  FINE
```

程序 3:

```
1:J P[1] 100%  FINE

2:L P[2] 500mm/sec  FINE offset,PR[1]

3:L P[3] 500mm/sec  FINE
```

4.应用实例

【例 6-4】 工业机器人从 PR[1] 出发,执行正方形轨迹,并最终返回 PR[1]。该过程循环 3 次,第 1 次在 1 号区域,第 2 次在 2 号区域,第 3 次在 3 号区域,如图 6-38 所示。

应编写以下程序:

```
1:J PR[1:HOME] 100%  FINE

2:OFFSET CONDITION PR[20]   //定义偏置量存储位置

3:CALL PR_INITIAL   //调用 PR_INITIAL 程序,需要另外创
                建该程序

4:LBL[1]
```

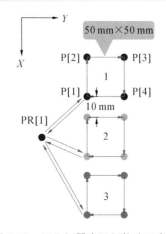

图 6-38 工业机器人运行轨迹示意图

```
5:L P[1] 2000mm/sec  FINE offset   //在需要偏移的运动指令之后加 offset
6:LP[2] 2000mm/sec  FINE offset
7:LP[3] 2000mm/sec  FINE offset
8:LP[4] 2000mm/sec  FINE offset
9:LP[1] 2000mm/sec  FINE offset
10:J PR[1:HOME] 100%  FINE
11:PR[20,1]=PR[20,1]+60  //偏移量 X 坐标累加 60 mm
12:R[1]=PR[20,1]
13:IF R[1]<=120,JMP LBL[1]
[END]
```

在运行上述程序之前,必须新建一个名为 PR_INITIAL 的程序,该程序的作用是将 PR[20]位置寄存器的数据(X、Y、Z、W、P、R)清零。PR_INITIAL 程序如下:

```
1:PR[20]=LPOS  //获取当前直角坐标系数据
2:PR[20,1]=0
3:PR[20,2]=0
4:PR[20,3]=0
5:PR[20,4]=0
6:PR[20,5]=0
7:PR[20,6]=0
```

五、工具坐标系调用指令 UTOOL_NUM

程序执行完 UTOOL_NUM 指令后,系统将自动激活指令所设定的工具坐标系编号。那么,该如何在程序中加入 UTOOL_NUM 指令? 具体步骤如下:

(1) 进入编辑界面。

(2) 按"F1"—"指令"。

(3) 选择"偏移/坐标系"(见图 6-39),按"ENTER"键确认后界面如图 6-40 所示。

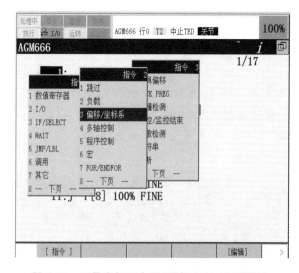

图 6-39　工具坐标系中调用"偏移/坐标系"指令

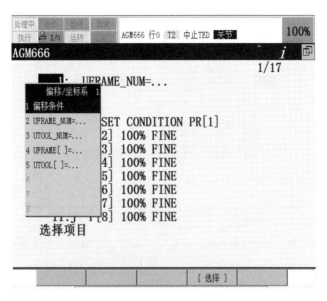

图 6-40 "偏移/坐标系"下具体指令选择界面

（4）选择"UTOOL_NUM＝…"，按"ENTER"键确认。

（5）选择 UTOOL_NUM 值的类型，并按"ENTER"键确认。

（6）输入相应的值,完成后界面如图 6-41 所示。

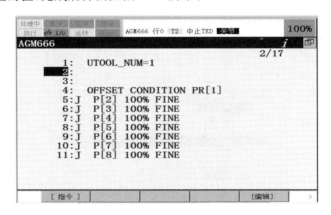

图 6-41 工具坐标系调用指令设置完成界面

六、用户坐标系调用指令 UFRAME_NUM

程序执行完 UFRAME_NUM 指令后,系统将自动激活指令所设定的用户坐标系编号。如何在程序中加入 UFRAME_NUM 指令？具体步骤如下：

（1）进入编辑界面。

（2）按"F1"—"指令"。

（3）选择"偏移/坐标系",按"ENTER"键确认。

（4）选择"UFRAME_NUM＝…",按"ENTER"键确认。

（5）选择 UFRAME_NUM 值的类型,并按"ENTER"键确认。

（6）输入相应的值。完成后界面如图 6-42 所示。

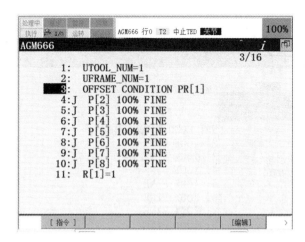

图 6-42　用户坐标系调用指令 UFRAME_NUM 设置完成界面

以前后位置点使用不同的坐标系编号的处理方法为例,程序如下:

```
1: UTOOL_NUM=1    //调用工具坐标系编号 1,如图 6-43 所示

2: UFRAME_NUM=1   //调用用户坐标系编号 1,如图 6-43 所示

3: JP[1] 20%  CNT20

4: JP[2] 20%  FINE

5: UTOOL_NUM=2    //调用工具坐标系编号 2,如图 6-44 所示

6: UFRAME_NUM=0   //调用用户坐标系编号 0,如图 6-44 所示

7: JP[3] 20%  CNT20

8: JP[4] 20%  CNT20
[END]
```

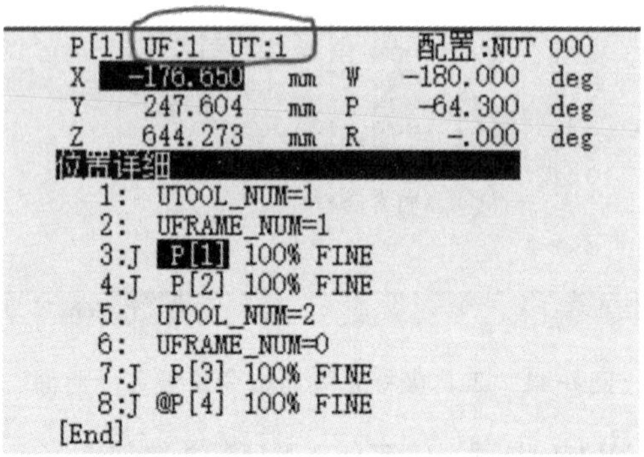

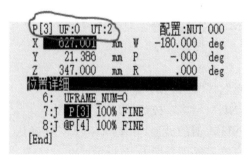

图 6-43　程序中第 1 次调用的工具坐标系和用户坐标系编号

图 6-44　程序中第 2 次调用的工具坐标系和用户坐标系编号

思考与练习

一、填空题

1. LBL 指令最大可以使用的数量是_____。

2. 通常用_____和_____循环指令来包围需要循环的区间。

3. 循环指令中根据由_____指令指定的值,确定循环的次数。

4. 指定循环为 DOWNTO 时,循环计数为_____计数,初始值为 DOWNTO 前面的值。

5. 使用偏置条件指令可以将_____偏置,偏置量由_____决定。

6. 程序执行完_____指令后,系统将自动激活指令所设定的工具坐标系编号。

7. 程序执行完_____指令后,系统将自动激活指令所设定的用户坐标系编号。

二、判断题

1. JMP 指令可以单独使用。 （ ）

2. JMP 指令可以跳转到任意的程序中。 （ ）

3. 调用程序指令 CALL 可以调用任意的指令,但不可以调用程序。 （ ）

4. FOR 循环指令可以单独使用,也可以和 ENDFOR 指令配合使用。 （ ）

5. 指定循环为 TO 时,循环计数为向上计数,初始值为 TO 前面的值。 （ ）

6. 偏置条件指令只对含有附加运动指令 OFFSET 的运动语句有效。 （ ）

三、问答题

1. 偏置条件指令的实际应用方法是什么?它们有什么区别?

2. 如何在程序中加入 UTOOL_NUM 指令?

3. 如何在程序中加入 UFRAME_NUM 指令?

◀ 任务6 其他指令 ▶

【能力目标】

使用其他指令完善程序。

【知识目标】

掌握其他指令的功能;掌握其他指令的应用。

【素质目标】

培养思辨能力,信息收集和处理能力,分析、解决问题能力及交流、合作能力。

一、用户报警指令 UALM[i]

1. 指令说明

用户报警指令作用:程序执行该指令时,工业机器人会报警并显示预先设定好的报警信息。使用该指令前,应先设置用户报警信息。

2.指令格式

用户报警指令格式为 UALM[i],其中 i 为用户报警号。

3.设置用户报警信息

步骤如下:

(1) 选择"MENU"(菜单)。

(2) 选择"设置"。

(3) 选择"用户报警",按"ENTER"键确认,如图 6-45 所示。

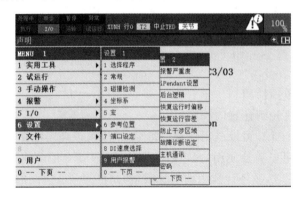

图 6-45 用户报警菜单选择界面

(4) 进入用户报警信息设置界面,按"ENTER"(回车)键后可输入报警内容,如图 6-46 所示。

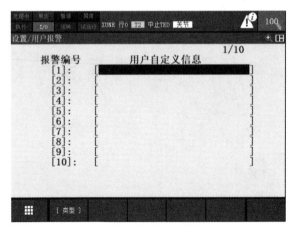

图 6-46 用户报警信息设置界面

二、计时器指令 TIMER[i]

1.指令说明

计时器指令作用:对编写的工业机器人控制程序运行时间进行计时;可以对整个程序运行时间进行计时,也可以对部分程序运行时间进行计时。

2.指令格式

计时器指令格式为 TIMER[i]=(processing),其中 i 为计时器号。该指令行为包括 3

种格式,即 START、STOP 和 RESET。TIMER[1]=RESET,表示计时器清零;TIMER[1]=START,表示计时器开始计时;TIMER[1]=STOP,表示计时器停止计时。

3. 为计时器添加注释

步骤如下:

(1) 选择"MENU"(菜单)。

(2) 选择"下页"。

(3) 选择"状态"。

(4) 选择"程序计时器",如图 6-47 所示。

图 6-47　程序计时器选择界面

(5) 程序计时器一览界面如图 6-48 所示,可为光标所在行添加注释。

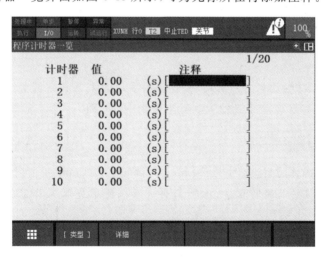

图 6-48　程序计时器一览界面

三、速度倍率指令

1. 指令说明

速度倍率指令以百分比表示,通过改变百分比的值来控制工业机器人的运动速度。

2. 指令格式

速度倍率指令格式:OVERRIDE=(value)%,其中 value 值可为 1~100。

四、注释指令

1. 指令说明

注释指令用于对程序某些不容易理解的地方进行解释说明。该注释对程序的执行没有任何的影响。使用注释指令可以添加包含 1～32 个字符的注释。通过按下回车键即可输入注释。

2. 指令格式

注释指令格式为！（remark）。

五、消息指令

1. 指令说明

消息指令用于完成相应的程序功能后给用户反馈（在屏幕上弹出）希望看到的消息。

2. 指令格式

消息指令格式为 Message［message］。其中，"message"指消息内容，最多可以包含 24 个字符。

当程序中运行该指令时，屏幕中将会弹出含有消息内容的画面。

六、参数指令

1. 指令说明

参数指令用于某些需要在程序运行中修改参数以便更好地完成生产要求的场合，如超时等待时就需要设置系统参数。

系统参数是系统运行的重要数据，不要轻易进行更改；必须更改时应当经过研究确定后再修改。

2. 指令格式

参数指令格式：$（参数名）=value，参数名需手动输入，value 值为 R［ ］、常数、PR［ ］；value= $（参数名），参数名需手动输入，value 值为 R［ ］、PR［ ］。

七、综合练习

【例 6-5】 木料为正方体，尺寸为 20 mm×20 mm×20 mm，每两个木块同一朝向面之间间隔 80 mm 放置。要求编写程序，控制工业机器人使用夹取工具完成木料的搬运叠加，如图 6-49 所示。

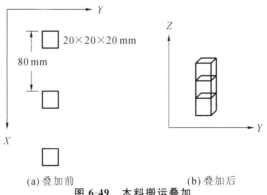

(a) 叠加前　　　　　　　　　　(b) 叠加后

图 6-49　木料搬运叠加

应编写如下程序：

```
1:TIMER[1]=RESET
2:TIMER[1]=START
3:UTOOL_NUM=1
4:UFRAME_NUM=1
5:OVERRIDE=30%
6:R[1]=0
7:PR[5]=LPOS
8:PR[5]=PR[5]-PR[5]
9:PR[6]=LPOS
10:PR[6]=PR[6]-PR[6]
11:J PR[1:HOME] 100%  FINE
12:RO[2]=ON
13:WAIT 0.5sec
14:LBL[1]
15:L P[1] 1000mm/sec  FINE offset,PR[5]
16:L P[2] 1000mm/sec  FINE offset,PR[5]
17:RO[2]=OFF
18:WAIT 0.5sec
19:L P[1] 1000mm/sec  FINE offset,PR[5]
20:L P[3] 1000mm/sec  FINE offset,PR[6]
21:L P[4] 1000mm/sec  FINE offset,PR[6]
22:RO[2]=ON
23:L P[3] 1000mm/sec  FINE offset,PR[6]
24:R[1]=R[1]+1
25:PR[5,1]=PR[5,1]+80
26:PR[6,3]=PR[6,3]+20
27:IF R[1]<3, JMP LBL[1]
28:J PR[1:HOME] 100%  FINE
29:Message[PART1 FINISH]
30:TIMER[1]=STOP
31:! PART1 FINISHED
[END]
```

思考与练习

一、填空题

1.程序执行用户报警指令时,工业机器人会_____并显示预先设定好的报警消息。

2._____是用来对编写的工业机器人控制程序_____进行计时的指令。

3.速度倍率指令通过改变_____的值来控制工业机器人的_____。

4.注释指令用于对_____某些不容易理解的地方进行_____。

5.消息指令最多可以有_____字符。

6._____用于某些需要在_____修改参数以便更好地完成生产要求的场合。

二、判断题

1.使用用户报警指令前,应先设置用户报警信息。 （　　）

2.计时器指令只能对整个程序运行时间进行计时。 （　　）

3.注释指令对程序的执行有影响。 （　　）

4.系统参数是系统运行的重要数据,可以随便更改。 （　　）

三、问答题

1.计时器指令能对什么进行计时?

2.简述用户报警指令的作用。

3.参数指令必须在什么前提下使用?

工业机器人信号的配置

工业机器人在实际使用的时候,需要与外部设备和器件一起配合使用才能组成完整的工业机器人系统,当工业机器人和这些外部设备集成使用的时候,工业机器人需要与这些设备进行信号和数据交换,因此就需要有信号和数据交换的接口和存储器。

◀ 任务 1 常用 I/O 信号的种类及板卡信号的配置 ▶

【能力目标】

说出 I/O 信号的种类和用途;灵活选用 I/O 信号通信。

【知识目标】

掌握各种 I/O 信号配置的方法和步骤。

【素质目标】

能够根据需要与他人合作完成信号配置的方案制订;具备独立查阅资料的能力。

通信方式直接决定了工业机器人能否集成到系统中,以及支持、控制的复杂程度。I/O 通信模块作为工业机器人控制柜上最常见的模块之一,在产品控制和运行中起到了重要作用。以下为 FANUC 机器人的常用 I/O 板卡信号配置。

一、FANUC 机器人常用的 I/O 信号种类

FANUC 机器人的 I/O 信号类型主要有通用 I/O 信号和专用 I/O 信号两种。

1. 通用 I/O 信号

通用 I/O 信号包括数字 I/O 信号、组 I/O 信号和模拟 I/O 信号。

1) 数字 I/O 信号

数字 I/O 信号也叫 DI/DO 信号,是由外部设备通过 I/O 接口输入或输出的标准数字信号,该信号值为 ON 和 OFF,可以用数字 1 和 0 表示,在时序图中则可以用高电平和低电平表示。FANUC 机器人示教器上的数字 I/O 信号(DI/DO 信号)监控及配置界面如图 7-1 所示。

2) 组 I/O 信号

组 I/O 信号也叫 GI/GO 信号,是将 2～16 条信号线作为一组进行定义的通用数字信号。组 I/O 信号的值用十进制或十六进制数来表示,转变或逆变为二进制数后通过信号线与外围设置进行数据交换。组输入、输出接口监控界面如图 7-2 所示。

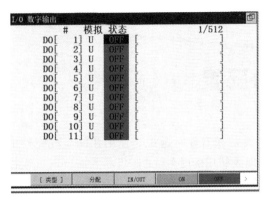
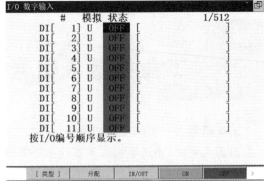

(a) DO信号界面   (b) DI信号界面

图 7-1 数字 I/O 信号(DI/DO 信号)监控及配置界面

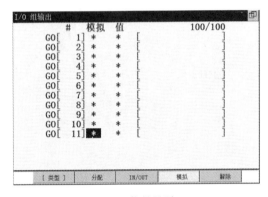

(a) GO信号界面   (b) GI信号界面

图 7-2 组 I/O 信号(GI/GO 信号)监控及配置界面

3) 模拟 I/O 信号

模拟 I/O 信号也叫 AI/AO 信号,是工业机器人与外围设备通过 I/O 模块(或 I/O 单元)的输入、输出信号线而进行的模拟输入、输出电压值交换。

进行读写时,模拟的输入、输出电压值将转换为数值。模拟 I/O 所获得的数值与基准电压有关,并不一定与真实的输入、输出的电压值完全一致。模拟输入、输出接口监控界面如图 7-3 所示。

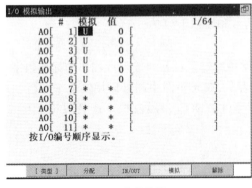
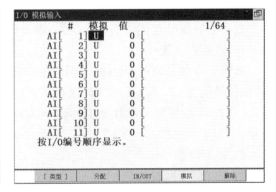

(a) AO信号界面   (b) AI信号界面

图 7-3 模拟 I/O 信号(AI/AO)信号监控及配置界面

2. 专用 I/O 信号

专用 I/O 信号包括外围设备 I/O 信号、操作面板 I/O 信号及机器人 I/O 信号。

1）外围设备 I/O 信号

外围设备 I/O 信号也叫 UI/UO 信号，是在系统中已经确定用途的专用信号。这些信号通过处理 I/O 印刷电路板（或 I/O 单元）与程控装置（如信号控制柜等）和外围设备相连接，从外部对工业机器人进行控制。外围设备 I/O 信号（UO 和 UI 信号）监控及配置界面如图 7-4 所示。

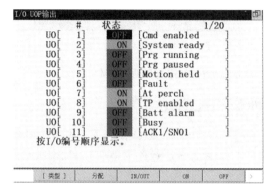
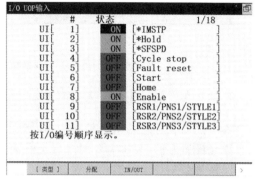

(a) UO信号界面　　　　(b) UI信号界面

图 7-4　外围设备 I/O 信号（UI/UO 信号）监控及配置界面

2）操作面板 I/O 信号

操作面板 I/O 信号也叫 SI/SO 信号，是用来进行操作面板或操作箱的按钮和 LED 指示灯状态数据交换的数字专用信号。输入时，该信号随操作面板上的按钮"ON""OFF"而定；输出时，操作面板上的 LED 指示灯随状态而变化。操作面板 I/O 信号（SI/SO 信号）监控界面如图 7-5 所示。

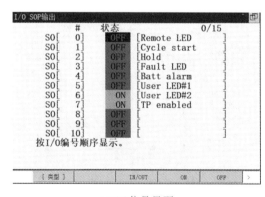
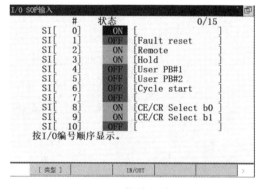

(a) SO信号界面　　　　(b) SI信号界面

图 7-5　操作面板 I/O 信号（SI/SO 信号）监控及配置界面

3）机器人 I/O 信号

机器人 I/O 信号也叫 RI/RO 信号，是经由工业机器人，作为末端执行器 I/O 被使用的机器人数字信号，通过末端执行器 I/O 与工业机器人手腕上所附带的连接器连接后使用。机器人 I/O 信号（RI/RO 信号）监控及配置界面如图 7-6 所示。

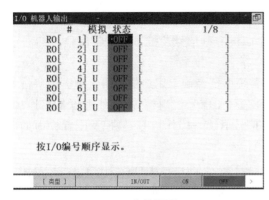
(a) RO信号界面

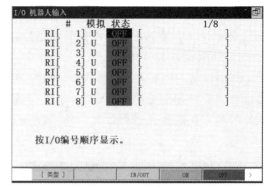
(b) RI信号界面

图 7-6　机器人 I/O 信号(RI/RO 信号)监控及配置界面

二、FANUC 机器人 I/O 信号的种类和配置方法

在上述 6 种常见的 I/O 信号中,操作面板 I/O 信号与机器人 I/O 信号是在出厂的时候厂家已经配置好的,并不需要用户再行配置。日常工作中主要是对数字 I/O 信号、组 I/O 信号和外围设备 I/O 信号进行配置。

1. 认识数据采集板卡、模块及机架号

数字 I/O 信号、组 I/O 信号和外围设备 I/O 信号最常见的用途就是将外部信号或者通信板卡的信号分配到这些信号的特定区域内,这样外部设备的信号或数据就可以通过读取这些已经分配好的区域的数值在工业机器人程序或控制中应用。在 FANUC 机器人中,厂家有专门的板卡或通信模块用于与外部设备或器件进行通信,在配置信号的时候,需要输入正确的机架号和插槽号才能激活这些板卡和模块。常用板卡或通信模块的机架号如表 7-1所示。

表 7-1　常用板卡或通信模块的机架号列表

序　号	板卡或通信模块	机　架　号
1	处理 I/O 印刷电路板、I/O 连接设备连接单元	0
2	I/O Unit-MODEL A/B	1～16
3	I/O 连接设备从机接口	32
4	CRMA15、CRMA16	48
5	PROFIBUS	67
6	Device Net	82
7	Ethernet/IP	89
8	CC-LINK	92
9	MODEBUS TCP	96
10	PROFINET 频道 1	101
11	PROFINET 频道 2	102

2. 认识 CRMA15 和 CRMA16 数字量 I/O 接口模块

用 CRMA15 和 CRMA16 数字量 I/O 接口模块来采集数字量信号是 FANUC 机器人较

为常用的一种方式,该接口集成在 FANUC 机器人的主板上,如图 7-7 所示,将厂家配置的专用接头和线缆插入该接口即可使用。该接口的接口定义如图 7-8 所示,两个接口都是 50 针的接口,分布着 DI 和 DO 接口、相应的电源接口及公共端接口,接口地址上的编号对应后续进行信号配置时的起始点,可以灵活地将数字 I/O 信号、组 I/O 信号和外围设备 I/O 信号的采集通道分配到 CRMA15 和 CRMA16 的 DI 和 DO 相应的接口上。这些接口可以通过引线引到专门的端子排上,这样在采集外部信号的时候就可以将信号线直接接到端子排上。专用的端子排上面标有数字,对应的即是接口定义上的标号,如图 7-9 所示。

图 7-7 主板上的 CRMA15 和 CRMA16 接口

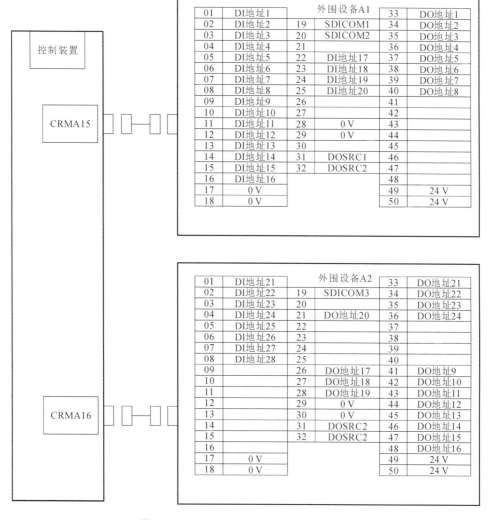

01	DI地址1		外围设备A1	33	DO地址1
02	DI地址2	19	SDICOM1	34	DO地址2
03	DI地址3	20	SDICOM2	35	DO地址3
04	DI地址4	21		36	DO地址4
05	DI地址5	22	DI地址17	37	DO地址5
06	DI地址6	23	DI地址18	38	DO地址6
07	DI地址7	24	DI地址19	39	DO地址7
08	DI地址8	25	DI地址20	40	DO地址8
09	DI地址9	26		41	
10	DI地址10	27		42	
11	DI地址11	28	0 V	43	
12	DI地址12	29	0 V	44	
13	DI地址13	30		45	
14	DI地址14	31	DOSRC1	46	
15	DI地址15	32	DOSRC2	47	
16	DI地址16			48	
17	0 V			49	24 V
18	0 V			50	24 V

控制装置 — CRMA15

01	DI地址21		外围设备A2	33	DO地址21
02	DI地址22	19	SDICOM3	34	DO地址22
03	DI地址23	20		35	DO地址23
04	DI地址24	21	DO地址20	36	DO地址24
05	DI地址25	22		37	
06	DI地址26	23		38	
07	DI地址27	24		39	
08	DI地址28	25		40	
09		26	DO地址17	41	DO地址9
10		27	DO地址18	42	DO地址10
11		28	DO地址19	43	DO地址11
12		29	0 V	44	DO地址12
13		30	0 V	45	DO地址13
14		31	DOSRC2	46	DO地址14
15		32	DOSRC2	47	DO地址15
16				48	DO地址16
17	0 V			49	24 V
18	0 V			50	24 V

控制装置 — CRMA16

图 7-8 CRMA15 和 CRMA16 接口定义图

图 7-9 CRMA15 和 CRMA16 接口外部接线端子排

3. UI/UO 信号的定义及配置

1) UI/UO 信号的功能及作用

UI/UO 信号是功能已被系统定义好的信号,UI 信号可以通过外部输入信号实现特定功能的输入操作,UO 信号可以实现特定功能信息的输出,常用 UI 和 UO 信号的功能定义如表 7-2 和表 7-3 所示。UI 和 UO 信号的功能已被系统定义,只需要将这些信号接口配置到 CRMA15 和 CRMA16 的相应信号接口上即能实现其对应功能。

表 7-2　常用 UI 信号功能定义

逻 辑 编 号	外围设备输入	功　　能
UI1	IMSTP	急停信号
UI2	HOLD	暂停信号
UI3	SFSPD	工业机器人减速信号
UI4	CSTOPI	循环停止信号
UI5	FAULT RESET	解除报警
UI6	START	外部启动信号
UI7	HOME	复位
UI8	ENBL	允许工业机器人动作
UI9	RSR1/PNS1	选择程序信号
UI10	RSR1/PNS2	选择程序信号
UI11	RSR1/PNS3	选择程序信号
UI12	RSR1/PNS4	选择程序信号
UI13	RSR1/PNS5	选择程序信号
UI14	RSR1/PNS6	选择程序信号
UI15	RSR1/PNS7	选择程序信号
UI16	RSR1/PNS8	选择程序信号
UI17	PNSTROBE	程序号码选择信号
UI18	PROD_START	程序启动

表 7-3　常用 UO 信号功能定义

逻 辑 编 号	外围设备输出	功　能
UO1	CMDENBL	接收输入信号
UO2	SYSRDY	系统准备就绪信号
UO3	PROGRUN	程序执行中信号
UO4	PAUSED	暂停中信号
UO5	HELD	保持中信号
UO6	FAULT	报警信号
UO7	ATPERCH	基准点信号
UO8	TPENBL	示教操作盒信号
UO9	BATALM	电池异常信号
UO10	BUSY	处理中信号

需要注意的是,UI 和 UO 信号的这些功能我们并不一定都会用到,因此也不需要把所有的 UI 和 UO 功能分配到相应的端子上,其使用原则是根据需要进行选用。通常情况下,UI1~UI8 和 UO1~UO4 使用得较多,仅仅需要配置这几个信号到相应端口即可。在使用 FANUC 机器人的时候,UI1、UI2、UI3 和 UI8 这几个信号须按要求保持接通状态,FANUC 机器人才能够在手动或自动模式下正常运行。

2) 配置 UI 和 UO 信号的方法和步骤

配置要求:将 UI1~UI8 信号配置到 CRMA15 接口 DI 地址 21~28 对应的接口上,将 UO1~UO4 配置到 DO 地址 1~4 对应的端子上。

具体步骤如下:

(1) 点击"MENU"→选择"I/O"→选择"UOP",进入 UI 和 UO 监控和配置界面,如图 7-10 所示。

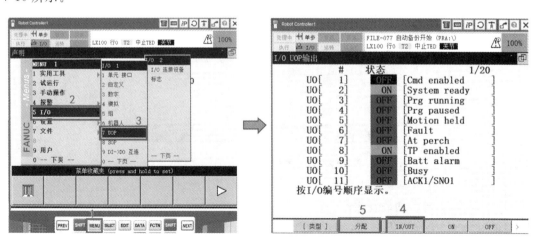

图 7-10　进入 UI 和 UO 监控及配置界面

进入 UI 和 UO 监控和配置界面后,我们可以通过选择"IN/OUT"功能键来切换 UO 和 UI 信号,然后按"分配"键来进入 UI 和 UO 的配置界面。

（2）配置 UI 和 UO。

UI 和 UO 具体配置参数如图 7-11 和图 7-12 所示。根据配置要求，需要将 UI1～UI8 配置到 CRMA15 端口 DI 地址为 21～28 的端子上，所以起始点应选择 21；依次类推，UO 的起始点应选择 1，将 UO1～UO4 配置到了 CRMA15 端口 DO 地址为 1～4 的端子上。配置完成后，状态栏下会显示"PEND"状态，我们重新启动 FANUC 机器人后配置生效，状态栏将会变成"ACTIV"。

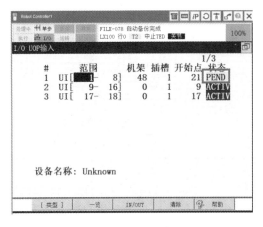

图 7-11　UI 配置参数　　　　　　图 7-12　UO 配置参数

需要注意的是，在配置各类接口的地址时，需要将系统变量中的 I/O 自动分配选项设为无效，这样才能按用户自己的要求配置 I/O，如图 7-13 所示。

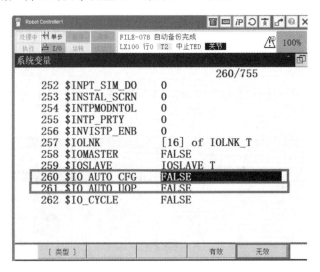

图 7-13　设置系统自动分配选项无效

4. DI 和 DO 信号的定义及配置

1）DI/DO 信号的功能及作用

DI 和 DO 信号通常用于 FANUC 机器人与外部设备信号进行数字量（开关量）信号数据时的交换数据的存储区域，也是在实际应用中使用得较多的一类信号。接近开关、限位开关、条件驱动的启动按钮和停止按钮等开关量信号都可以配置到该信号类型对应的信号通道上。其配置方法与 UI 和 UO 信号的配置方法相似，差别在于菜单项和功能定义不一样。

2）配置 DI 和 DO 的方法和步骤

例如,有一传送带物料到达传感器,当有物料到达指定位置时需要给 FANUC 机器人发送信号,要求将该传感器的输入信号定义为"DI10",需要配置到 CRMA15 端口 DI 地址 2 对应的端子上;当 FANUC 机器人把传送带的物料抓取到指定位置并放置好后,需要驱动夹具夹紧该物料,要求将驱动夹具动作的信号定义为"DO10",并将该信号配置到 CRMA15 板卡 DO 地址 10 对应的端子上。具体步骤如下:

（1）点击"MENU"→选择"I/O"→选择"数字",进入 DI 和 DO 监控和配置界面,具体如图 7-14 所示。

进入 DI 和 DO 监控和配置界面后,选择"IN/OUT"功能键来切换 DO 和 DI 界面,按"分配"键来进入 DI 或 DO 的配置界面。

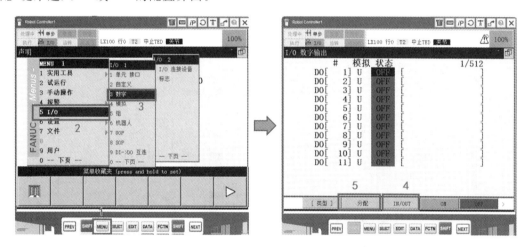

图 7-14 进入 DI 和 DO 监控及配置界面

（2）配置 DI 和 DO。

DI 和 DO 具体配置参数如图 7-15 和图 7-16 所示。按配置要求,需要将 DI10 配置到 CRMA15 端口 DI 地址为 2 的端子上,所以起始点应选择 2;依次类推,DO 的起始点应选择 10,将 DO10 配置到了 CRMA15 端口 DO 地址为 10 的端子上。配置完成后,状态栏下会显示"PEND"状态,重新启动 FANUC 机器人后配置生效,状态栏将会变成"ACTIV"。

图 7-15 DI 配置参数   图 7-16 DO 配置参数

5. GI 和 GO 组输入、输出信号的定义及配置

GI 和 GO 信号通常用于 FANUC 机器人与外部设备信号进行整数数据交换的时候,如发送产品的数量、订单的数量及参数设置等数据,其最少需要由 2 位数据组成 1 个组数据,最高可以由 16 位数据组成 1 个组数据。其配置方法与前面所介绍的数据配置方法相似,差别在于菜单项和功能定义不一样,且建立组数据的时候最少需要 2 位数据,最多可以配置 16 位数据。

三、信号的测试和验证

进行信号配置后,需要进行信号测试,此处以 DI 和 DO 信号的测试为例,其他类型信号的测试方法和步骤与之类似。DI/DO 信号的测试方法和步骤如下:

(1) 完成 CRMA15 接口 DI 和 DO 接口的信号连接。

CRMA15 的 DI 和 DO 接口的接线原理图如图 7-17 和图 7-18 所示。

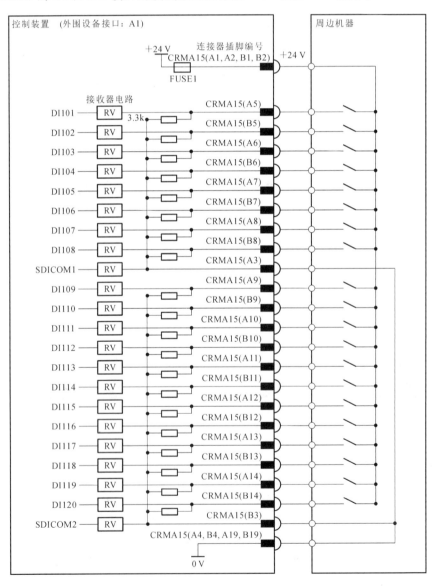

图 7-17　CRMA15 接口 DI 信号接线原理图

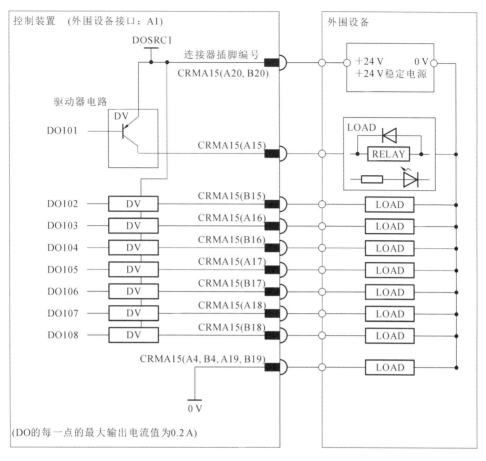

图 7-18 CRMA15 接口 DO 信号接线原理图

（2）按照接线原理图将按钮开关和 24 V 电源指示灯接入到上面定义好的 DI120 和 DO120 对应的接线端口。

（3）进入 FANUC 机器人的 DI 监控界面，按下已经接入 DI10 的外部按钮，在监控界面中"DI[10]"状态栏显示"ON"，表示信号已经进入 FANUC 机器人 DI10 信道，如图 7-19 所示，测试成功。

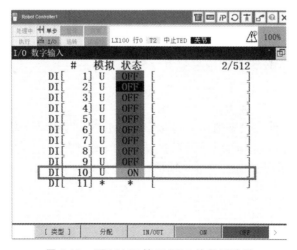

图 7-19 CRMA15 接口 DI10 信号测试图

（4）进入 FANUC 机器人的 DO 监控界面，将光标移至"DO10"处，如图 7-20 所示，然后选择示教器上的"ON"功能键，若 CRMA15 板上接入到 DO10 上的指示灯点亮，则测试成功。

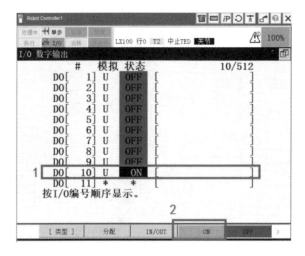

图 7-20 CRMA15 接口 DO10 监控界面

思考与练习

一、填空题

1. FANUC 机器人的 I/O 信号类型主要有_____和_____两种。

2. 通用 I/O 信号包括_____信号、_____信号和_____信号。

3. 组 I/O 信号是将_____条信号线作为一组进行定义的_____。

4. 组信号的值用_____或_____数来表达。

5._____是 FANUC 机器人与外围设备通过_____的输入、输出信号线而进行的模拟输入、输出电压值交换。

6. 专用 I/O 信号包括_____信号、_____信号及_____信号。

7._____是在系统中已经确定用途的专用信号。

8. 操作面板 I/O 信号是用来进行_____的按钮和_____的数字专用信号。

9._____是经由工业机器人，作为_____被使用的机器人数字信号。

10._____与_____是在出厂的时候厂家已经配置好的，并不需要用户再行配置。

11. FANUC 机器人较为常用的采集数字量信号的是_____和_____数字量 I/O 接口模块。

二、判断题

1. 数字 I/O 信号由外部设备通过 I/O 接口输入或输出标准数字信号。（　　）

2. 操作面板 I/O 信号输入可以通过示教器强制改变状态。（　　）

3. UI 信号可以通过外部输入信号实现特定功能的输入操作，UO 信号可以实现特定功能信息的输出。（　　）

三、问答题

1. 配置信号有什么作用？

2. DI/DO 信号的功能及作用是什么？

◀ 任务 2 基准点及宏设置 ▶

【能力目标】

正确设置工业机器人基准点及宏指令。

【知识目标】

了解工业机器人基准点及宏的概念；掌握工业机器人基准点及宏指令的设置方法；掌握基准点及宏指令的执行方法。

【素质目标】

培养认识论和方法论思维意识及批判性思维，培养求真务实、开拓进取、勤奋、创新、诚信的美好品德。

一、参考位置 Ref Position

1. 参考位置的概念

参考点是一个参考位置，工业机器人在这一位置时通常远离工件和周边机器。当工业机器人在参考点时，会同时发出信号给其他远端控制设备（如 PLC，即可编程逻辑控制器），根据此信号，远端控制设备可以判断工业机器人是否在规定位置。

2. 设置参考位置

FANUC 机器人最多可以设置 10 个参考位置，即 Ref Position 1（参考位置 1），Ref Position 2（参考位置 2），…，Ref Position 10（参考位置 10）。

在这里需要注意，当 FANUC 机器人在参考位置 1 时，系统指定的 UO[7]（At Perch）将发送信号给外部设备，但到达其他参考位置的输出信号需要定义。当 FANUC 机器人在参考位置时，相应的 Ref Position 1，Ref Position 2，…，Ref Position 10 可以用 DO 或 RO 给外部设备发送信号。

参考位置设置步骤如下：

(1) 依次操作"MENU"—"设置"—"参考位置"，如图 7-21 所示。

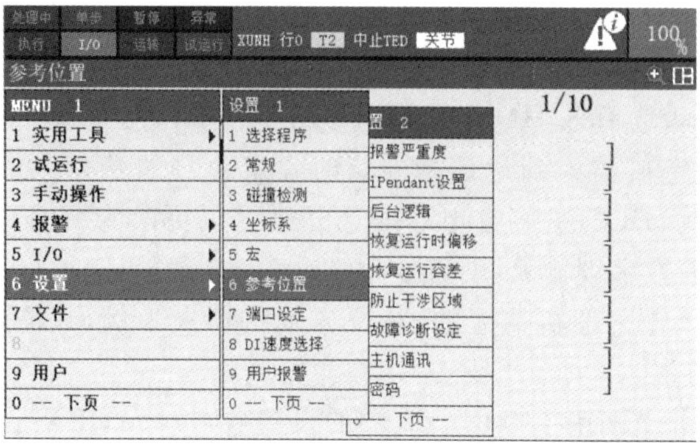

图 7-21　进入参考位置设置

（2）选择需要设置的参考位置编号，按"F3"—"详细"显示详细界面，如图 7-22 所示，这里以参考位置 1 为例。

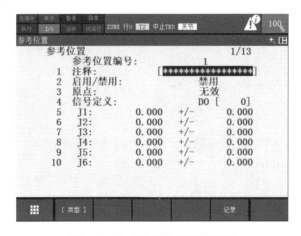

图 7-22　参考位置详细设置界面

"注释"项：该项是对参考位置的说明，选填。

"启用/禁用"项：为使参考位置有效或失效，把光标移至"启用/禁用"，然后按相应的功能键（"F4"或"F5"）。若参考位置有效，则系统检测到 FANUC 机器人在参考位置时，会相应地输出信号，如图 7-23 所示。

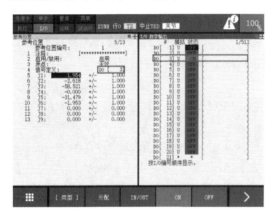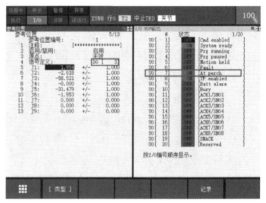

图 7-23　有效参考位置信号的对应输出

这里使用的是参考位置 1，因此在参考位置启用时，FANUC 机器人正好移动到该位置，信号 DO[3] 和 UO[7] 同时输出。如果设置的是参考位置 2～参考位置 10 时，只会输出设定的信号 DO[i] 或者 RO[i]。

"原点"项：设置是否为有效 HOME 位置（参考位置确认）。

"信号定义"项：指定机器人到达该基准点时发出信号的端口。切换端口类型，通过按"F4"可以将信号更改为"DO"（数字输出），按"F5"则可以更改为"RO"（机器人输出）。端口号可以通过示教器上的数字键输入，端口号为 0 时无效。

"J1"～"J6"项是设置工业机器人的轴，以 6 轴机器人为例，只需要设置 J1～J6。设置 J1～J6 的位置有两种方法。

第一种是示教法：把光标移到 J1 至 J6 轴的设置项，按"SHIFT"+"F5"—"记录"，工业机器人的当前位置被作为参考位置点记录下来。

第二种是直接输入法:把光标移到 J1 至 J6 轴的设置项,直接输入参考位置的关节坐标数据。

"J1"~"J6"项右栏数据为允许的误差范围,一般不为 0,统一设置为 1。

二、宏 MACRO

1. 宏指令的概念

宏指令是指将若干程序指令集合在一起作为一个指令来记录,可调用并执行该集合后指令的功能。

宏指令有以下 4 种应用方式:

(1) 作为程序中的指令执行。

(2) 通过 TP 上的手动操作画面执行。

(3) 通过 TP 上的用户键执行。

(4) 通过 DI、RI、UI 信号执行。

2. 设置宏指令

1) 宏指令的定义

宏指令可以用下列设备定义:① MF[1] 到 MF[99],"MANUAL FCTN"菜单;② UK[1] 到 UK[7],用户键 1 到 7;③ SU[1] 到 SU[7],用户键 1 到 7+"SHIFT"键;④ DI[1] 到 DI[99],数字输入信号;⑤ RI[1] 到 RI[8],机器人输入信号。

2) 宏指令的设置

宏指令的设置条件:创建宏程序(宏程序的创建和普通程序的创建一样)。

设置步骤如下:

(1) 依次操作"MENU"—"设置"—"宏",如图 7-24 所示。

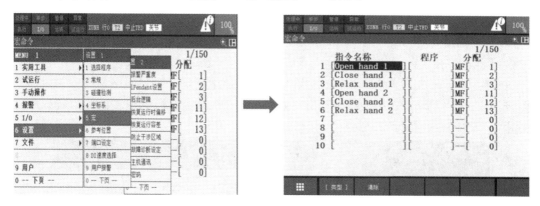

图 7-24　宏设置界面

(2) 在宏设置界面中,1~6 项是系统默认的宏指令,不建议更改。移动光标到第 7 项新建宏指令,按"ENTER"(回车)键,在光标处输入宏指令名称,如图 7-25 所示。

(3) 移动光标到"程序"列,按"F4"—"选择",选择所需要的程序,按"ENTER"(回车)键确认,如图 7-26 所示。

(4) 移动光标到"分配"列"--"处,按"F4"—"选择",如图 7-27 所示,选择执行方式。

(5) 选择好执行方式后,移动光标到"分配"列"[0]"处,用数字键输入对应的设备号,如图 7-28 所示。

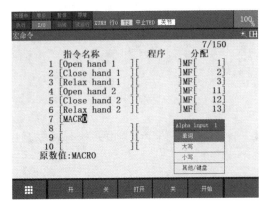

图 7-25　输入宏指令名称

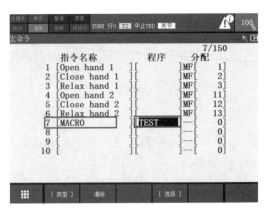

图 7-26　选择程序

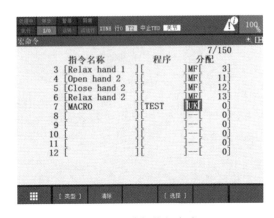

图 7-27　选择执行方式

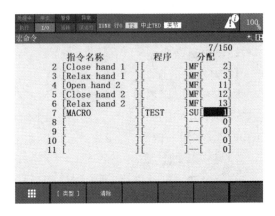

图 7-28　输入设备号

（6）设置完毕，可以按照所选择的方式执行宏指令。

3. 执行宏指令

（1）执行宏指令前，TP 置于"ON"，控制柜模式开关在 T1/T2 模式。

执行 MF[1]～MF[99] 的条件：已经在宏设置界面中设定了 MF[1]～MF[99]。执行步骤：按"MENU"（菜单）—"手动操作"，出现如图 7-29 所示的画面，选中要执行的宏程序，按"SHIFT"＋"F3"—"执行"。

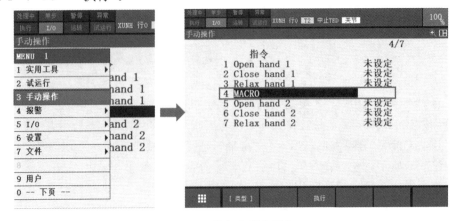

图 7-29　执行宏指令操作

执行 UK[1]～UK[7]的条件:已经在宏设置界面中设定了 UK[1]～UK[7]。执行步骤:按相应的用户键即可启动(一般情况下,UK 都是在出厂前被定义的,具体功能见键帽上的标示),使用示教器操作用户键,示教器中的 UK[1]～UK[7]对应的是用户键 1～7,如图 7-30 所示。

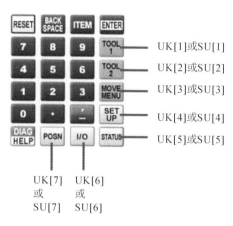

图 7-30 与 UK 或 SU 对应的用户键

执行 SU[1]～SU[7]的条件:已经在宏设置界面中设定了 SU[1]～SU[7]。执行步骤:按"SHIFT"＋相应的用户键(1～7)即可启动,如图 7-30 所示。

(2) 执行宏指令前,TP 置于"OFF",控制柜模式开关在"AUTO"。

执行 DI[1]～DI[99]的条件:已经在宏设置界面中设定了 DI[1]～DI[99]。执行步骤:从外部输入 DI 信号时,分配给该信号的宏指令立即被启动。

执行 RI[1]～RI[8]的条件:已经在宏设置界面中设定了 RI[1]～RI[8]。执行步骤:从外部输入 RI 信号时,分配给该信号的宏指令立即被启动。

(3) 执行 UI[1] 到 UI[18]的条件:已经在宏设置界面中设定了 UI[1]～UI[18]。执行步骤:从外部输入 UI 信号时,分配给该信号的宏指令立即被启动。

思考与练习

一、填空题

1.参考点是一个_____,工业机器人在这一位置时通常远离工件和周边机器。

2.FANUC 机器人最多可以设置_____个参考位置。

3.为使参考位置有效或失效,可把光标移至_____,然后按相应的功能键。

4.切换端口类型,可通过按"F4"将信号更改为_____,按"F5"可以更改为_____。

二、判断题

1.当工业机器人在参考点时,会同时发出信号给其他远端控制设备。　　　(　)

2.当工业机器人在参考位置 1 时,系统指定的 UO[8]将发送信号给外部设备,但到达其他参考位置的输出信号需要定义。　　　(　)

3.工业机器人在参考位置只能通过系统指定的 UO[i]向外部设备发送信号。 (　)

三、问答题

1.什么是宏指令?

2.宏指令有几种应用方式?

3.宏指令可以用什么设备定义?

◀ 任务3 PROFIBUS 通信板卡信号配置 ▶

【能力目标】

灵活使用 PROFIBUS 通信方式与工业机器人第三方设备通信。

【知识目标】

掌握 PROFIBUS 通信的原理及步骤。

【素质目标】

具备查阅资料的能力,能解决操作中遇到的问题。

前面我们已经学习了工业机器人与外部设备通信和信息交换常用的方式,并且已经学习了工业机器人常用的 I/O 板卡信号配置的方法,本任务中我们来学习另外一种常用的通信方式——PROFIBUS 现场总线通信。这种方式的特点是通过通信接口进行信号通信,可以大大减少接线,是当前比较常用的工控通信方式之一。

一、工业机器人 PROFIBUS 现场总线通信系统的构架

当今比较典型的工业机器人现场总线通信系统构架如图 7-31 所示,PLC 与工业机器人之间采用 PROFIBUS 现场总线通信,而 PLC 与上位计算机则采用 PROFINET 以太网通信,因此,一个工业机器人系统有可能是由很多种通信方式组成的。

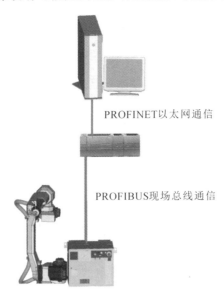

PROFINET以太网通信

PROFIBUS现场总线通信

图 7-31 工业机器人现场总线通信系统构架

二、工业机器人实现 PROFIBUS 现场总线通信的条件

1. 软件条件

工业机器人应支持 PROFIBUS 通信协议。用户在采购工业机器人的时候，需要写好接口参数，明确提出要支持这个协议，厂家在工业机器人出厂的时候就会在其系统里面装载支持 PROFIBUS 通信协议的驱动。系统装完驱动后，在工业机器人的示教器中就会有相应的 PROFIBUS 通信设置菜单项，如图 7-32 所示。正确地设置好参数后，在控制柜里的扩展槽内插入工业机器人专用的 PROFIBUS 通信板卡，系统将能够识别该板卡。如果厂家在出厂的时候没有在系统里面装载 PROFIBUS 通信协议的驱动程序，工业机器人将无法与第三方设备实现 PROFIBUS 通信。

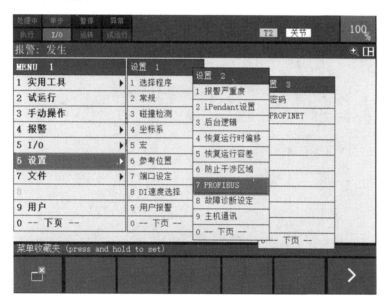

图 7-32　示教器上的 PROFIBUS 现场总线通信设置菜单

2. 硬件条件

（1）工业机器人侧需要配备 PROFIBUS 通信板卡。

设备间采用 PROFIBUS 通信，需要有通信接口，而工业机器人在出厂的时候并未配备 PROFIBUS 通信接口，解决的办法就是购买相应厂家的通信板卡，然后将其接入主板或者控制柜中的对应接口，如在 FANUC 机器人 R-30iB Mate 型柜中，在 FANUC 机器人系统中已经安装有 PROFIBUS 程序和驱动的情况下，在主板中接入配套的 PROFIBUS 通信板卡（见图 7-33）并进行正确设置即可实现 FANUC 机器人与外部设备间的 PROFIBUS 通信。

（2）配置 PROFIBUS 通信电缆进行设备连接。

设备间具备 PROFIBUS 通信接口后，需要将 PROFIBUS 通信电缆用于设备间的连接，如图 7-34 所示，工业机器人与 S7-1200 型 PLC 进行 PROFIBUS 通信，S7-1200 型 PLC 并没有 PROFIBUS 通信接口，因此也需拓展一个专业模块，然后将 PROFIBUS 通信电缆的一头接入该模块的接口，另外一头接入工业机器人板卡的 PROFIBUS 通信接口。需要注意的是，PROFIBUS 属于串行通信，因此需要将 PROFIBUS 的起始端口和末端的终端电阻拨位开关打到"ON"。

图 7-33　控制柜中的 PROFIBUS 现场总线通信板卡

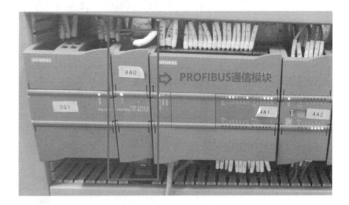

图 7-34　PLC 侧 PROFIBUS 现场总线通信接口连接电缆

三、采用 PROFIBUS 通信方式实现工业机器人与 S7-1200 型 PLC 通信的方法和步骤

1. 对 S7-1200 型 PLC 进行硬件组态

根据 S7-1200 型 PLC 的硬件组成,在 TIA Portal 软件(TIA 博途软件,以下简称博途软件)的"设备组态"菜单对 S7-1200 型 PLC 进行硬件组态,如图 7-35 所示。

2. 安装 GSD 文件

博途软件的标准硬件配置中并没有 FANUC 机器人的相关硬件,需要 FANUC 机器人公司根据自身产品的技术特点在博途软件的构架下开发驱动程序,这类驱动程序后缀名均为"gsd",故被称为 GSD 文件。GSD 文件是安装到博途软件中的硬件驱动。在博途软件中安装 GSD 文件的步骤如下:

(1)将 GSD 文件拷贝到特定的目录下,此处以"Slave.gsd"文件为例,如图 7-36 所示。

(2)在博途软件树形结构目录中点击"设备和网络"菜单,如图 7-37 所示。

(3)点击博途软件"选项"菜单,选择"管理通用站描述文件(GSD)",然后在弹出的界面中找到存储 GSD 文件的目录,找到"Slave.gsd"文件并加载,如图 7-38 所示。

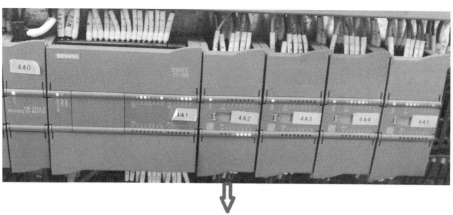

图 7-35 PLC 的硬件组态

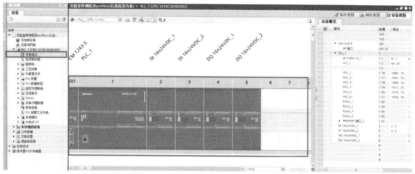

图 7-36 GSD 文件拷贝

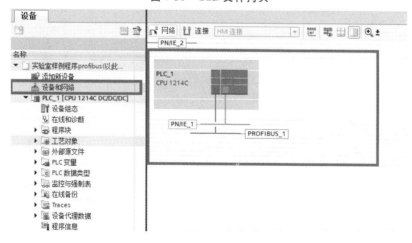

图 7-37 "设备和网络"菜单界面

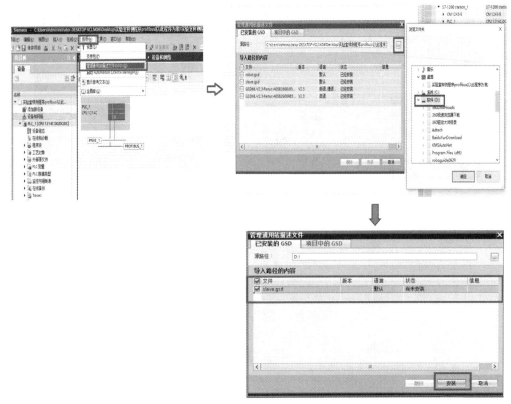

图 7-38 博途软件加载 PROFIBUS 通信 GSD 文件

（4）安装完成后，在博途软件"硬件目录"下的"其它现场设备"中可找到"FANUC RO-BOT-2"的硬件信息，如图 7-39 所示。

图 7-39 加载 FANUC 机器人的现场总线模块"FANUC ROBOT-2"

3. 配置"FANUC ROBOT-2"模块

具体步骤如下:

(1) 双击"FANUC ROBOT-2",将其加载到"设备和网络"配置界面中,然后双击已经加载在界面中的"Slave_1",在弹出的参数设置菜单中进行参数设置,如图 7-40 所示。

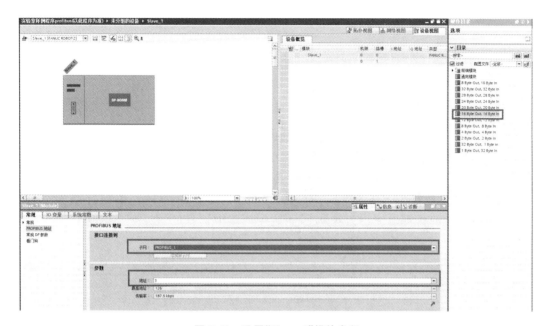

图 7-40 设置"Slave_1"模块参数

配置完成后"设备和网络"界面如图 7-41 所示,"Slave_1"模块将会显示其已经与S7-1200的 PROFIBUS 通信接口连接。

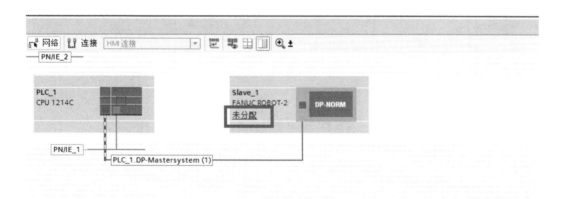

图 7-41 FANUC 现场总线通信模块配置后"设备和网络"界面

(2) 从图 7-41 中可见,"Slave_1"模块中显示"未分配"字样,用鼠标单击"未分配",在弹出的界面中选中 PLC 对应的接口,如图 7-42 所示。将"Slave_1"模块配置到 PLC 对应的接口后,将会显示两台设备已经连接,这样就完成了"Slave_1"模块的配置。

4. 测试两个设备间的通信

具体步骤如下:

(1) 在博途软件设备目录下的"监控与强制表"中新建"监控表_1",并导入如图 7-43 所

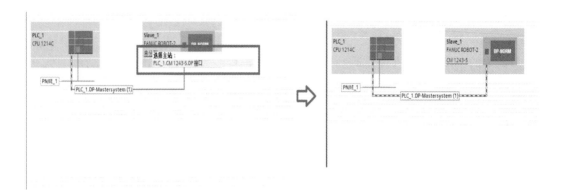

图 7-42　为"Slave_1"模块配置 PLC 对应的接口

示的监控列表,数据输出口存储器分别选择"QB110"和"QB111"两个字节存储器,数据输入口存储器分别选择"IB110"和"IB111"两个字节存储器。需要注意的是,这些存储器的选择必须在我们配置的范围内。从图 7-43 中可见,我们已选择 16 字节输入和 16 字节输出的模式,输入和输出口的真实地址均为 100,因此监控列表中选择的这 4 个字节均在配置的范围内。

图 7-43　PLC 监控列表设置

(2) 在 FANUC 机器人的示教器中的 PROFIBUS 菜单下设置参数,如图 7-44 所示,这里参数设置必须要和博途软件中的参数设置相对应,如输入和输出字节数均应设定为"16",站地址设定为"3"。

(3) 对 FANUC 机器人的存储器进行配置,分别选择 I/O 组输入和输出信号以及 I/O 数字输入和输出两种不同类型的存储器进行配置,先对 I/O 组输入和输出信号进行配置。I/O 组输入信号的配置如图 7-45 所示,I/O 组输出信号的配置如图 7-46 所示。

从图 7-45 和图 7-46 中可见,机架号被设定为"67",这表示选择 PROFIBUS 通信卡,GI 对应的是组输入区域,也对应 PLC 的输出区域;GO 对应是组输出区域,也对应 PLC 的输输入区域;"开始点"被设定为"81","点数"为"8",这么配置表示 GO1 对应 PLC 的 IB110,GI1 对应 PLC 的 QB110。又因为我们在配置 PLC 的时候起始点分别对应的是 IB100 和

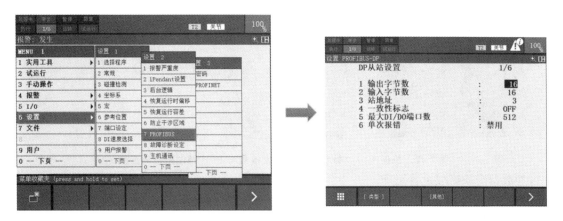

图 7-44 FANUC 机器人的 PROFIBUS-DP 参数设置

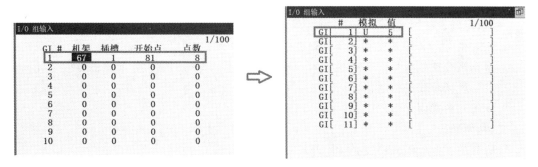

图 7-45 FANUC 机器人的 I/O 组输入信号配置及监控值

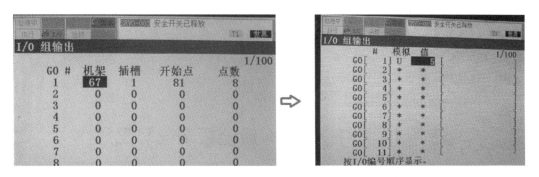

图 7-46 FANUC 机器人的 I/O 组输出信号配置及设置值

QB100,所以 IB110 和 QB110 分别对应从输入和输出区起始点开始的第 11 个字节。

从 PLC 监控列表中可以看到,PLC 的 QB110 中写入的数值为"05",即数值为 5,则机器人的 GI1 的数值也为 5;在机器人的 GO1 中写入数值"5",在 PLC 的监控表上看到 IB110 的数值也为 5,这样两个设备就可完成特定区域的数据通信和交换。

(4)测试机器人的 I/O 数字输入和输出信号,如图 7-47 所示。

从图 7-47 中可知,I/O 数字输出中将 DO[260-267]这 8 个位配置到 PLC 输入区域的第 12 个字节,即对应 PLC 的 IB111,当我们在示教器中将 DO[260]～DO[263]设置为"ON"的时候,PLC 中的 IB111 的值变成"16♯0F",相应的数值可以对应上,表示两个设备间能够通

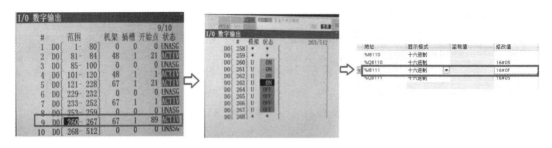

图 7-47　机器人 I/O 数字输入和输出信号与 PLC 测试数据对应图

信,且数据交换区域设置正确。

　　随着工业的不断发展,通过网络通信方式进行数据交换已经成为主流和常态,因此,掌握工业机器人 PROFIBUS 通信的方法有着重要的意义。

思考与练习

一、填空题

　　1._____文件是安装到博途软件中的硬件驱动。

　　2.根据当今比较典型的工业机器人现场总线系统的构架,PLC 与工业机器人之间采用_____现场总线进行通信。

　　3.设备间要采用 PROFIBUS 通信,需要有_____。

二、判断题

　　1.所有的工业机器人都支持 PROFIBUS 通信协议。　　　　　　　　　　（　　）

　　2.正确设置好参数后,在控制柜里的扩展槽内插入工业机器人专用的 PROFIBUS 通信板卡时,系统将能够识别该板卡。　　　　　　　　　　　　　　　　　（　　）

　　3.厂家在出厂的时候没有在系统里面装载 PROFIBUS 通信协议的驱动程序,工业机器人将无法与第三方设备实现 PROFIBUS 通信。　　　　　　　　　　　（　　）

三、问答题

　　1.为什么博途软件中需要安装 GSD 文件?

　　2.工业机器人实现 PROFIBUS 现场总线通信的条件是什么?

◀ 任务 4　PROFINET 通信板卡信号配置 ▶

【能力目标】

灵活使用 PROFINET 通信方式与工业机器人第三方设备通信。

【知识目标】

掌握 PROFINET 通信的原理及步骤。

【素质目标】

具备查阅资料的能力,可以解决操作中遇到的问题。

工业机器人与外部设备进行数据交换主要采用 I/O 通信、现场总线通信及以太网通信的方式,本任务中我们来学习工业机器人应用 PROFINET 通信的原理、方法和步骤。

一、工业机器人 PROFINET 通信系统的构架

工业机器人 PROFINET(以太网)通信系统构架如图 7-48 所示,其与 PROFIBUS 现场总线通信方式的区别仅仅在于,PROFINET 以太网通信系统构架中 PLC 与工业机器人通信的方式变成了 PROFINET 以太网通信。以太网通信方式的特点是传输速率快,方式灵活,硬件兼容性高,因此受到越来越多用户的喜爱。

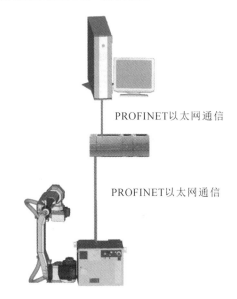

图 7-48 工业机器人 PROFINET 通信系统构架

二、工业机器人实现 PROFINET 以太网通信的条件

1. 软件条件

工业机器人要支持 PROFINET 通信协议,同样也需要在采购工业机器人的时候写好接口参数,明确指出系统需要支持 PROFINET 协议,厂家在工业机器人出厂的时候就会在其系统里面装载支持 PROFINET 通信协议的驱动和菜单项。系统装完驱动后,在工业机器人的示教器上就会有相应的 PROFINET 通信设置菜单项,如图 7-49 所示。正确地设置好参数后,在控制柜里的扩展槽内插入工业机器人专用的 PROFINET 通信板卡,系统将识别该板卡。如果厂家在出厂的时候没有在系统里面装载 PROFINET 通信协议的驱动程序,工业机器人将无法与第三方设备实现 PROFINET 通信。

2. 硬件条件

(1) 工业机器人侧需要配备 PROFINET 通信板卡。

设备间采用 PROFINET 通信,需要有通信接口,而工业机器人在出厂的时候并未配

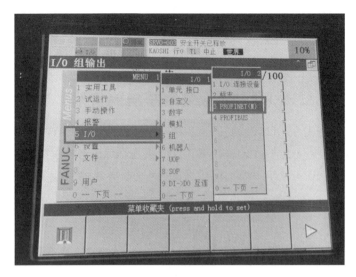

图 7-49　机器人侧 PROFINET 菜单界面

备 PROFINET 通信接口,解决的办法就是购买相应厂家的通信板卡,然后将其接入主板或者控制柜中的对应接口,如在 FANUC 机器人 R-30iB Mate 型柜中,在 FANUC 机器人系统中已经安装有 PROFINET 程序和驱动的情况下,在主板中接入配套的 PROFINET 通信板卡(见图 7-50)并进行正确设置即可实现 FANUC 机器人与外部设备间的 PROFI-NET 通信。

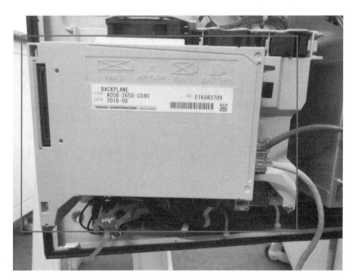

图 7-50　PROFINET 通信板卡

(2) 配置以太网通信电缆进行设备连接。

工业机器人控制柜接入 PROFINET 通信板卡后,只需要配置普通的以太网网线,并用网线将工业机器人与支持 PROFINET 通信协议的硬件设备连接即可。通常在一个工业机器人以太网控制系统中会有多个设备联网,因此需要配置交换机用于设备间的连接。工业机器人典型 PROFINET 系统连接如图 7-51 所示。

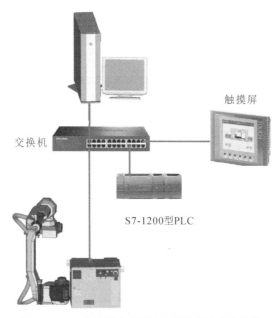

图 7-51 工业机器人典型 PROFINET 系统连接

三、PROFINET 通信方式实现工业机器人与 S7-1200 型 PLC 通信的方法和步骤

1. 对 S7-1200 型 PLC 进行硬件组态（和 PROFIBUS 通信一样）

根据 S7-1200 型 PLC 的硬件组成在博途软件的"设备组态"菜单中对 S7-1200 型 PLC 进行硬件组态，如图 7-52 所示。

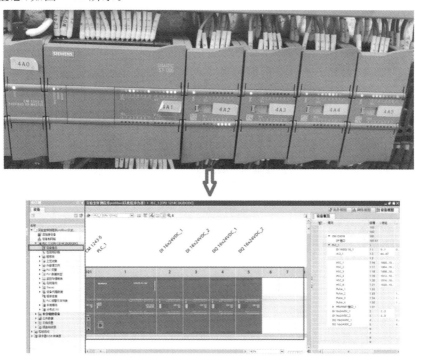

图 7-52 PLC 硬件组态

2. 安装 GSD 文件

PROFINET 通信与 PROFIBUS 通信的 GSD 文件的安装方法是一样的,差别仅在于文件不同。

(1) 将 GSD 文件拷贝到特定的目录下,如图 7-53 所示。需要注意的是,厂家提供的用于 PROFINET 通信的是 3 个后缀名为"XML"的文件,在安装的时候同样是可以识别的。

GSDML-V2.3-Fanuc-A05B2600J930V820D4-20131203	2019/6/20 15:21	XML 文档
GSDML-V2.3-Fanuc-A05B2600J930V820M4-20131203	2019/10/29 17:12	XML 文档
GSDML-V2.3-Fanuc-A05B2600R834V830-20140601	2019/6/20 15:21	XML 文档

图 7-53　用于 PROFINET 通信的 GSD 文件

(2) 在博途软件树状结构目录下点击"设备和网络"菜单,如图 7-54 所示。

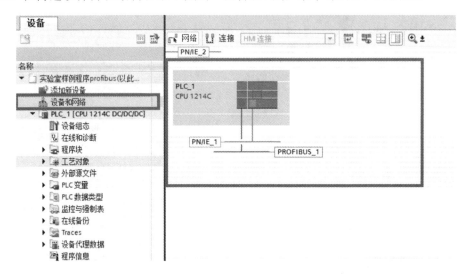

图 7-54　"设备和网络"界面

(3) 点击"选项"菜单,选择"管理通用站描述文件(GSD)",然后在弹出的界面中找到存储 GSD 文件的目录,找到上述 3 个后缀名为"XML"的文件并加载,如图 7-55 所示。

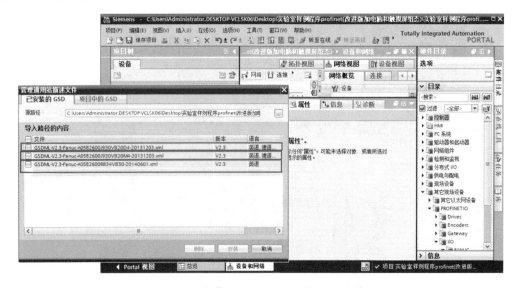

图 7-55　加载 PROFINET 通信 GSD 文件

（4）安装完成后,在博途软件"硬件目录"下"其它现场设备"→"PROFINET IO"中可找到 FANUC Robot Controller（1.0）的硬件信息,如图 7-56 所示。

图 7-56 PROFINET 通信加载路径

3. 配置 FANUC Robot Controller（1.0）模块

具体步骤如下:

（1）双击"FANUC Robot Controller（1.0）",将其加载到"设备和网络"配置界面中,然后双击已经加载在界面中的"r30ib-iodevice",弹出它的参数设置菜单,如图 7-57 所示,先设定 FANUC 机器人与 PLC 共享数据存储区域的大小,需要注意的是,这个格式的设定要和 FANUC 机器人示教器中的参数设定保持一致,在这里我们选择"Input/Output module"格式,然后分别加载两个长度为 8 字节的数据存储区域,第一个区域 I 和 O 起始地址为"90",第二个区域 I 和 O 起始地址为"100"。之所以要建两个区域,是因为 FANUC 机器人在设置通信区域时候,习惯设置一个安全信号区域,此处第一个区域为安全信号的数据交换区,第二个区域为实际应用数据的交换区。区域及字节的长度都要与后面示教器中设置的区域和字节长度相对应才能实现通信。

完成数据交换区域的设定后,接下来要设定以太网接口的参数。设定方法:单击以太网接口,会在界面下方弹出参数设置界面,按照如图 7-58 所示的参数进行设置即可。注意 IP 地址的设定要和 FANUC 机器人示教器中的设定一致。

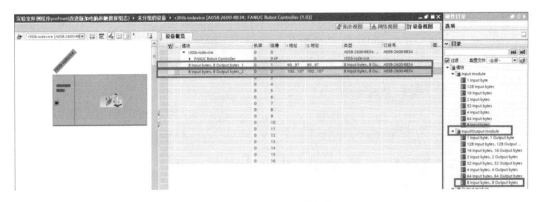

图 7-57 "r30ib-iodevice"参数设置

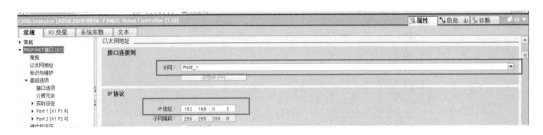

图 7-58 PROFINET 网络接口参数设置

（2）为导出的 FANUC 机器人 PROFINET 模块分配网络。导出模块后，界面中显示"未分配"字样，单击"未分配"字样，然后在弹出的菜单中选择"PLC_1. PROFINET 接口_1"即可，如图 7-59 所示。

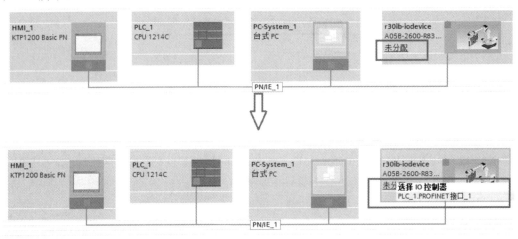

图 7-59 分配网络接口

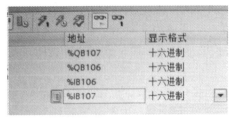

图 7-60 PLC 监控表配置

4. 测试两个设备间的通信

具体步骤如下：

（1）在博途软件设备目录下的"监控与强制表"中新建"监控表_1"，并导入如图 7-60 所示的监控列表，数据输出口存储器分别选择"QB106"和"QB107"两个字节存储器，数据输入口存储器分别选择"IB106"和"IB107"两个字节存储器。

需要注意的是,这些存储器的选择必须在我们配置的范围内。从图7-57可见,我们已选择8字节输入和8字节输出的模式,输入和输出口的真实地址均为100,因此监控列表中选择的这4个字节均在配置的范围内。

(2)在FANUC机器人的示教器"PROFINET"菜单下选择通信的频道。在FANUC机器人示教器中的"I/O"菜单下点击"PROFINET(M)"选项,如图7-61所示。

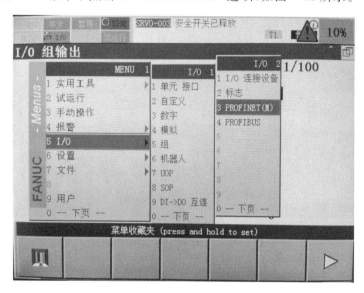

图7-61 PROFINET菜单配置界面

进入的配置界面如图7-62所示,配置分为"1频道"和"2频道",在这里选择配置"2频道",并且要把"1频道"禁用。在FANUC机器人中PROFINET通信板卡有两个频道,其中频道1在FANUC机器人作为主站的时候选用,频道2在FANUC机器人作为从站的时候选用,PROFINET板卡频道分布如图7-63所示。在FANUC机器人组成的控制系统中,我们通常将FANUC机器人作为从站使用,因此需禁用"1频道",配置"2频道"。禁用"1频道"的步骤(见图7-64):将光标移动到"1频道",按下示教器上的"DISP"键进入屏幕右侧的设置界面,然后按下示教器上的"F5"键将"有效"切换为"无效"(可来回切换)。

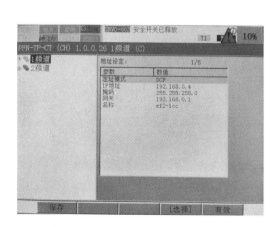

图7-62 PROFINET频道设置界面

图7-63 PROFINET板卡频道分布

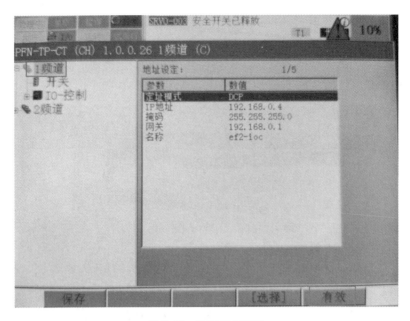

图 7-64　禁用"1 频道"

（3）设置"2 频道"参数，具体做法如下：

首先，将光标移动到"2 频道"，按下示教器上的"DISP"键进入屏幕右侧的设置界面，将"2 频道"的 IP 地址设定为"192.168.0.3"，如图 7-65 所示，其与 PLC 的设置要一致。同时，将"2 频道"设置为"有效"。

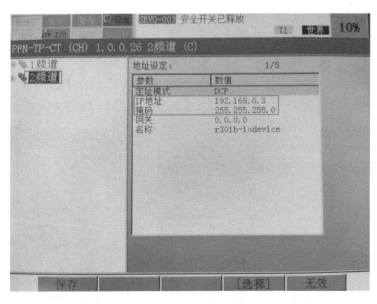

图 7-65　设置"2 频道"IP 地址

然后，将光标移动到"2 频道"的子菜单"IO-设备"，按示教器的"DISP"键切换到右侧画面，对 I/O 进行设置，如图 7-66 所示。

将光标移到插槽 1，按"ENTER"键进入设置界面，选择"安全插槽"—"适用"即可完成安

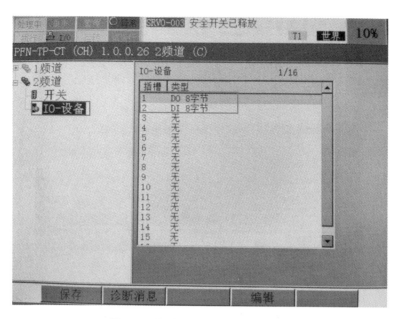

图 7-66 "2 频道"I/O 格式设置界面

全插槽设置,如图 7-67 所示。

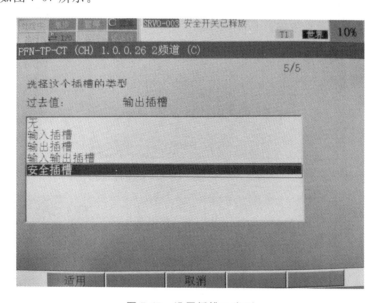

图 7-67 设置插槽 1 类型

接下来,在弹出的"选择这个插槽的类型"界面中选择"8 字节",这个选择也要与 PLC 上的设置一致,如图 7-68 所示。

完成以上设置后,用同样的方法设置插槽 2 的参数。插槽类型选择"输入输出插槽",字节选择"8 字节",如图 7-69 所示。这个设置也要与 PLC 设置保持一致。

设置完成后,选择"保存",系统将会弹出如图 7-70 所示界面,将系统重启后,参数设置生效。

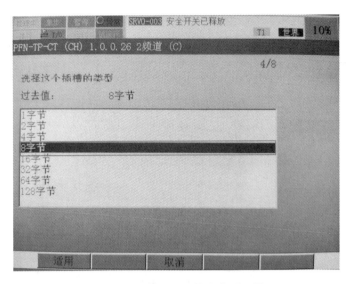

图 7-68　插槽 1 数据格式类型设置

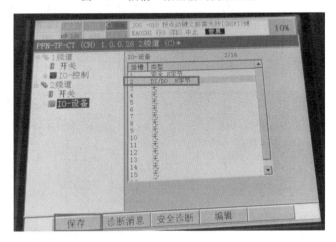

图 7-69　插槽 2 数据格式设置

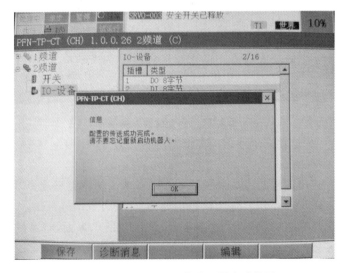

图 7-70　PROFINET 菜单设置完成界面

（4）对FANUC机器人的存储器进行配置，将组输入和输出信号（GI1、GI2和GO1、GO2）作为对象与PLC通过PROFINET通信方式进行信号测试，具体步骤如下：

首先，进入组输入、输出信号配置菜单，完成参数设置，如图7-71所示。需要注意的是，机架号要选择"102"，即代表PROFINET通信板卡选用"2频道"；通过FANUC机器人的设置以及PLC的设置，我们可以推断出GI1和GI2分别对应PLC的QB106和QB107，GO1和GO2分别对应PLC的IB106和IB107。

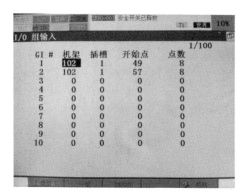
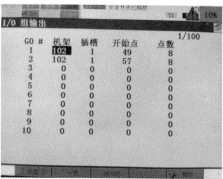

图7-71 FANUC机器人的组输入、输出信号配置

接下来，在FANUC机器人的示教器上分别对GO1、GO2、QB106和QB107进行赋值，如图7-72所示，机器人的GO1和GO2分别赋值"10"和"15"，PLC的IB110和IB111监控值对应"16♯OA"和"16♯OF"；在PLC监控列表中将QB106和QB107分别赋值"16♯OF"和"16♯05"，在FANUC机器人示教器上GI1和GI2的监控值分别为"15"和"5"，数据完全对应，测试成功。

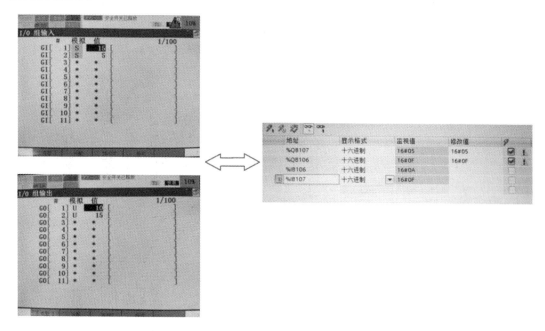

图7-72 赋值及对应测试

随着信息化的不断发展，以太网通信已经成为智能制造领域设备间的主要通信方式，因此，掌握工业机器人与其他设备间的以太网通信的方法和步骤有着极其重要的现实意义。

思考与练习

一、填空题

1. 以太网通信方式的特点是_____、_____和_____。

2. PROFINET 与 PROFIBUS 现场总线通信方式的区别在于,前者中 PLC 与工业机器人通信的方式变成了_____以太网通信。

3. 系统装完驱动后,在工业机器人的示教器就会有相应的_____通信设置菜单项。

二、问答题

1. 工业机器人实现 PROFINET 以太网通信的条件是什么?

2. 简述采用 PROFINET 通信方式实现工业机器人与 S7-1200 型 PLC 通信的方法和步骤。

工业机器人的自动运行

工业机器人是靠自身动力和控制能力来实现各种功能的一种机器,它可以接受人类指挥,也可以按照预先编排的程序运行。在整个工业生产中,使用工业机器人能减少人力操作,充分利用传感器与各种资讯来进行生产。在前面的学习中都是通过示教器控制工业机器人运行的,虽然产品的质量没有改变,但是生产效率相对低下,人工成本相对增加。如何实现高效率、高质量、低成本生产? 这就需要工业机器人与外部设备协调自动运行进行生产。

◀ 任务 1   自动运行方式及种类 ▶

【能力目标】

说出自动运行的方式及种类。

【知识目标】

了解工业机器人自动运行的概念;了解工业机器人本地和远程自动运行的概念;掌握工业机器人远程自动运行的方式及种类。

【素质目标】

培养认识论和方法论思维意识及批判性思维,培养求真务实、开拓进取、勤奋的美好品德。

一、自动运行的概念

自动运行是指无须操作示教器,仅通过外围设备 I/O 就可以启动程序。根据需要执行程序的个数,自动运行又可以分为本地自动运行和远程自动运行两种。本地自动运行所需要使用的 I/O 个数较少且只能运行一个程序,而当工业机器人动作简单且与外围设备连接较少时,可以选择该自动运行启动方式;远程自动运行则可以选择不同的启动程序,其可以使用 PLC 等控制设备来实现控制启动。

要实现本地自动运行,需要分别进行软件设置和硬件设置,其中软件设置需要将系统设置为本地模式,并打开所需要运行的程序和取消单步运行,而硬件设置只需要将示教器处于"OFF"挡位,在控制柜的操作面板上将模式开关旋转到"AUTO"模式下,按一下绿色的"CYCLE START"按钮即可。

使用本地自动运行的特点之一是只能启动一个主程序,但是主程序里面可以调用多个子程序。通过判断其他 I/O 的状态,也可以调用不同的子程序,但因启动本地自动运行需要手动按下"CYCLE START"键,不太利于整体控制。

二、远程自动运行

工业机器人系统提供了两种远程启动方式,分别为 RSR 和 PNS。二者的共同点是程序名必须都是七位数,在系统输入 UI 信号有效的情况下,都可以通过外部的 I/O 实现控制启动,而区别就在于启动信号、程序选择数量及程序运行过程中,对新启动信号处理方式的不同,如图 8-1 所示。

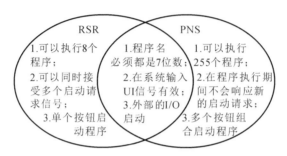

图 8-1 RSR 和 PNS 的异同

RSR 远程启动方式,是远程启动中较简单的一种方式,其主要特点是基于绑定信号运行,程序名通常由 RSR 加上 4 位程序序列号构成,又由于与 I/O 绑定,而输入信号 UI 中最多只提供 UI[9]至 UI[16]这 8 个 I/O 接口用于响应工业机器人的启动请求信号,因此最多只能选择 8 个启动程序。

工业机器人已经在运行一个程序,又接收到新的一个启动请求信号,甚至同时接收到多个启动请求信号时,会根据启动请求信号的优先级依次执行。

PNS 是一种选择确认后的运行方式,其程序名必须为 3 个字母加上 4 位程序序列号。这种远程启动方式可以选择 255 个程序,但其在程序运行过程中将不会再响应任何新的程序启动请求,这是与 RSR 的不同之处。

三、系统信号的定义及其配置

1. 系统信号的定义及功能

系统信号是工业机器人发送给和接收自远端控制器或周边设备的信号,可以实现的功能包括:① 选择程序;② 开始和停止程序;③ 从报警状态中恢复系统;④ 其他。

2. 系统输入信号(UI)

(1) UI[1]——IMSTP:紧急停机信号(正常状态:ON)。

(2) UI[2]——Hold:暂停信号(正常状态:ON)。

(3) UI[3]——SFSPD:安全速度信号(正常状态:ON)。

(4) UI[8]——Enable:使能信号。

(5) UI[9-16]——RSR1～RSR8:工业机器人启动请求信号。

(6) UI[9-16]——PNS1～PNS8:程序号选择信号。

(7) UI[17]——PNSTROBE:PNS 滤波信号。

(8) UI[18]——PROD_START:自动操作开始(生产开始)信号(信号下降沿有效)。

3. 系统输出信号(UO)

(1) UO[11-18]——ACK1～ACK8:证实信号,当 RSR 输入信号被接收时,输出一个相应的脉冲信号。

(2) UO[11-18]——SNO1～SNO8:该信号组以 8 位二进制码表示相应的当前选中的 PNS 程序号。

4. 信号配置

系统信号可实现工业机器人程序运行,所需启动的工业机器人程序可以使用外部控制设备(如 PLC 等)通过信号的输入、输出来选择和执行。

通过外部设备选择和执行程序前需要对系统信号进行配置。信号配置是指建立工业机器人的软件端口与通信设备间的关系。

操作步骤如下:

(1) 依次操作"MENU"—"I/O"—"UOP",如图 8-2 所示。

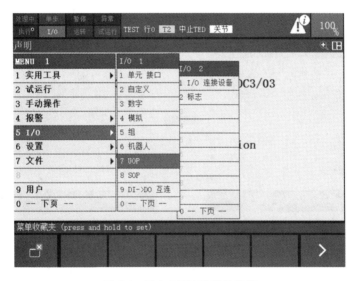

图 8-2　进入 UOP 设置的路径

(2) 按"F3"—"IN/OUT"可将 UOP 输出界面切换到 UOP 输入(UI)画面,如图 8-3 所示。

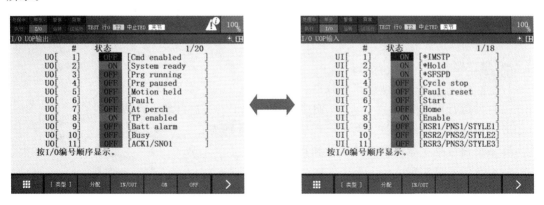

图 8-3　IN/OUT 切换

(3) 按"F2"—"分配",如图 8-4 所示。

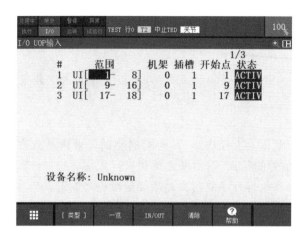

图 8-4 分配界面

（4）按"F3"—"IN/OUT"可在输入、输出间切换，如图 8-5 所示。

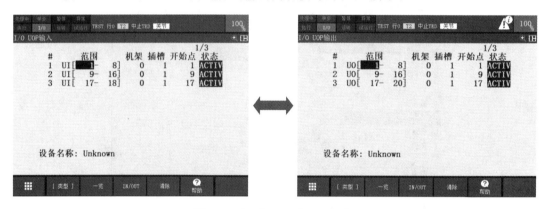

图 8-5 I/O 分配 IN/OUT 切换

（5）按"F4"—"清除"删除光标所在项的分配。

（6）分配系统输入信号将机架设置为 48，插槽设置为 1，开始点设置为 1；系统输出信号将机架设置为 48，插槽设置为 1，开始点设置为 1；分配数字输入信号将机架设置为 48，插槽设置为 1，开始点设置为 19 以后的点数；分配数字输出信号将机架设置为 48，插槽设置为 1，开始点设置为 21 以后的点数。

思考与练习

一、填空题

1._____是指无须操作示教器，仅通过_____就可以启动程序。

2.自动运行可以分为_____自动运行和_____自动运行两种。

3.工业机器人系统提供了两种远程启动方式，分别为_____和_____。

4.系统信号是工业机器人发送给和接受自_____或_____的信号。

5.系统信号可实现_____、_____、_____、_____功能。

二、判断题

1.本地自动运行可以选择不同的启动程序。 （　　）

2.远程启动只能运行一个程序。 （　　）

三、问答题

1. 要实现本地自动运行需要如何设置？

2. 远程自动运行两种方式的共同点与不同点是什么？

3. RSR 自动运行方式程序名如何建立？

4. 系统信号可以实现什么功能？

◀ 任务 2　控制柜按钮启动及程序执行中断的应用 ▶

【能力目标】

设置控制柜按钮启动；中断程序执行；恢复程序执行。

【知识目标】

掌握控制柜按钮启动的设置方法；掌握程序执行中断的方法；掌握恢复程序运行的方法。

【素质目标】

培养认识论和方法论思维意识及批判性思维，培养求真务实、开拓进取、勤奋的美好品德。

一、控制柜按钮启动

要实现本地自动运行需要分别进行软件设置和硬件设置，其中软件设置需要将系统设置为本地模式。

（1）依次操作"MENU"—"下页"—"系统"—"配置"，进入"系统/配置"设置界面，如图8-6 所示。

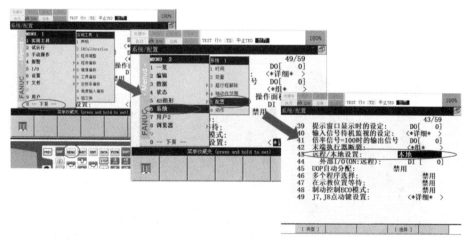

图 8-6　进入"系统/配置"设置

（2）打开所需要运行的程序，取消单步运行，如图 8-7 所示。

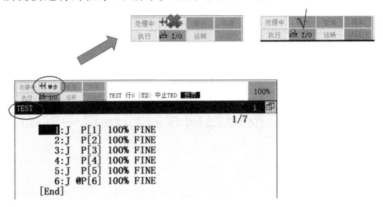

图 8-7　取消单步运行

（3）在示教器上，按下程序选择按钮"SELECT"，如图 8-8 所示，选择需要启动的程序。

（4）将示教器使能开关置于"OFF"挡，如图 8-9 所示。

图 8-8　程序选择按钮　　　　　图 8-9　示教器使能开关设置

（5）松开控制柜和示教器的急停按钮，如图 8-10 所示。

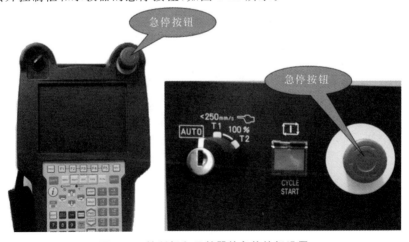

图 8-10　控制柜和示教器的急停按钮设置

（6）在控制柜的操作面板上将控制柜的模式开关用钥匙打到"AUTO"，如图 8-11 所示。

图 8-11　控制柜模式开关设置

通过示教器上的"RESET"按钮将报警消除，完成上述必要条件的设置后，按控制柜上的"CYCLE START"按钮，工业机器人就会按照设定的程序运行。

二、程序执行中断

1. 程序的执行状态类型

程序的执行状态分为三种类型。

第一种是执行，即示教器消息显示窗口中显示的程序执行状态为"运行中"（或"RUN-NING"），表示程序正在运行，如图 8-12 所示。

图 8-12　程序的执行

第二种是中止，即示教器消息显示窗口中显示的程序执行状态为"中止"（或"ABORT-ED"），表示运行的程序已经结束，再次运行程序时，将不会接着原来的程序运行，而是从程序的第一行开始执行，如图 8-13 所示。

图 8-13　程序的中止

第三种是暂停，即示教器消息显示窗口中显示的程序执行状态为"暂停"（或"PAUSED"），表示运行的程序中断，再次运行程序时，工业机器人将会接着之前没有执行完的程序继续运行，如图 8-14 所示。

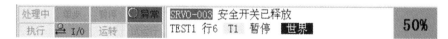

图 8-14　程序的暂停

2. 引起程序中断的情况

引起程序中断有以下两种情况：

（1）操作人员停止程序运行。

（2）程序运行中遇到报警。

3.人为中断程序的方法

人为中断程序,即用户有意识地去让一个正在运行的程序停止。人为中断分为暂停中断和中止中断。

暂停中断的操作方法:第一种,按 TP 上的紧急停止按钮;第二种,按控制面板上的紧急停止按钮;第三种,释放"DEADMAN"开关;第四种,外部紧急停止信号输入;第五种,按 TP 上的"HOLD"键;第六种,系统紧急停止(IMSTP)信号输入;第七种,系统暂停(HOLD)信号输入。

中止中断的操作方法:第一种,按 TP 上的"FCTN"键,选择"ABORT(ALL)"(中止程序);第二种,系统中止(CSTOP)信号输入。

4.急停中断和恢复

按下控制柜的急停键或者示教器上的急停键将会使工业机器人立即停止,程序运行中断,出现报警,伺服系统关闭。在示教器的消息显示位置会出现报警代码"SRVO-001 操作面板紧急停止""SRVO-002 示教器紧急停止"。

恢复步骤如下:

（1）消除急停原因,如修改程序。

（2）顺时针旋转(松开)急停按钮。

（3）按 TP 上的"RESET"键,消除报警代码,此时"FAULT"指示灯灭。

5.暂停中断和恢复

按下"HOLD"键将会使工业机器人减速停止。

恢复步骤:重新启动程序。

6.报警引起的中断

当程序运行或工业机器人操作中有不正确的地方时会产生报警以确保人员安全。

实时的报警代码会出现在示教器的消息显示位置上,要查看报警记录,依次按"MENU"→"报警"→"报警日志",如图 8-15 所示。

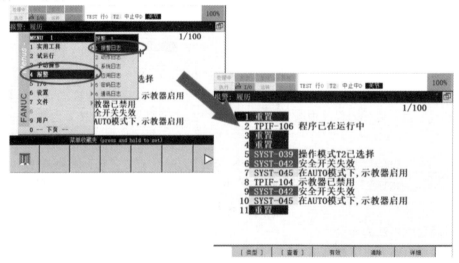

图 8-15　查看报警日志

注意：

在故障消除后按下"RESET"键才会真正消除报警。有时，TP上实时显示的报警代码并不是真正的故障原因，要通过查看报警日志才能找到引起问题的报警代码。

思考与练习

一、填空题

1. 要实现本地自动运行需要将系统设置为_____。

2. 程序的启动方式有_____、_____、_____。

3. TP启动方式在模式开关为_____、_____条件下进行。

4. 人为中断程序，中断状态为暂停的方法有_____、_____、_____、_____、_____、_____和_____。

5. 引起程序执行中断的原因有_____、_____。

6. 程序的执行状态分为_____、_____、_____三种。

二、判断题

1. 人为中断分为暂停中断和终止中断。 （ ）

2. 要实现本地自动运行需要将软件设置为本地模式。 （ ）

3. 程序的执行状态分为三种类型。 （ ）

三、问答题

1. 引起程序中断的情况有哪些？

2. 暂停中断操作方法有几种？分别是什么？

3. 产生急停中断如何恢复？

◀ 任务3 RSR 自动运行的原理及设置步骤 ▶

【能力目标】

设置 RSR 自动运行参数；为 RSR 自动运行程序命名；通过外部按钮启动选择程序。

【知识目标】

掌握 RSR 自动运行所需参数设置；掌握 RSR 自动运行方式的程序命名方法；掌握 RSR 程序启动的方法。

【素质目标】

培养沟通交流意识及创新意识。

一、自动运行的条件

自动运行指的是外部设备通过信号或信号组来选择和启动程序,在日常应用中主要有 RSR 和 PNS 两种。

RSR 和 PNS 的启动条件如下:

(1)控制模式开关设置为"AUTO"挡,示教器上显示"自动",如图 8-16 所示。

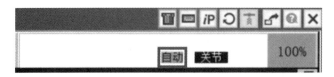

图 8-16 控制模式开关设置

如果示教器上显示不在自动模式下,可以通过控制柜上的钥匙将控制模式开关拨到自动模式。

(2)将程序设置为非单步执行状态。如果当前显示为单步,可以按示教器上的"STEP"键进行设置,如图 8-17 所示。

图 8-17 非单步执行状态设置

(3)UI[1]、UI[2]、UI[3]、UI[8]设置为"ON"。

(4)TP 开关设置为"OFF"。

(5)专用外部信号改为"启用",如图 8-18 所示。方法:"MENU"—"下页"—"系统"—"配置"。

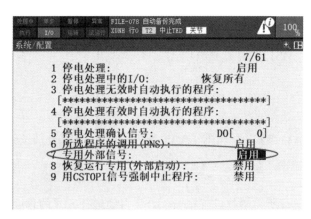

图 8-18 专用外部信号设置

(6)自动模式改为"远程",如图 8-19 所示。方法:"MENU"—"下页"—"系统"—"配置"。

(7)系统变量"＄RMT_MASTER"改为"0",如果默认值不为"0",直接更改为"0",如图 8-20 所示。

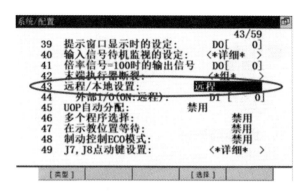

图 8-19　自动模式设置

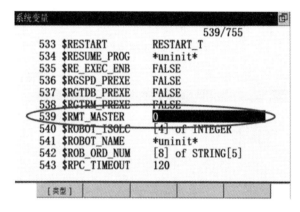

图 8-20　系统变量设置

方法："MENU"—"下页"—"系统"—"变量"—"＄RMT_MASTER"。

系统变量"＄RMT_MASTER"参数值的定义：① 0，外围设备；② 1，显示器/键盘（CRT/KB）；③ 2，主计算机；④ 3，无外围设备。

二、RSR 启动方式的设置

RSR 启动通过工业机器人服务请求信号 RSR1～RSR8 选择和开始程序。

1. RSR 自动运行的特点

（1）当一个程序正在执行或者中断时，被选择的程序处于等待状态，一旦之前的程序停止，就开始运行被选择的程序。

（2）RSR 自动运行方式只能选择 8 个程序。

2. RSR 自动运行的命名要求

（1）程序名必须为 7 位。

（2）程序命名由字母"RSR"加 4 位程序号组成。

（3）程序号由 RSR 记录号加基数组成。

【例 8-1】　RSR 自动运行方式基数设置为 0，要调用 RSR0003 程序，如何操作？

点击示教器上"MENU"—"设置"—"选择程序"，进入选择程序界面，如图 8-21 所示。

将光标移至"程序选择模式："，按"F4"—"选择"，选择"RSR"，如图 8-22 所示。

图 8-21　选择程序界面

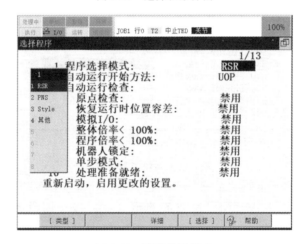

图 8-22　程序选择模式

按"F3"—"详细",进入 RSR 设置画面,将"RSR3 程序编号"状态改为"启用",如图 8-23 所示。

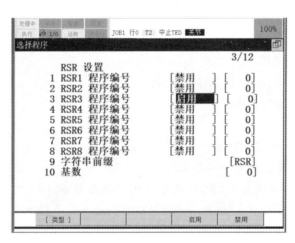

图 8-23　更改程序编号状态

将"RSR3 程序编号"记录号改为"3",如图 8-24 所示。

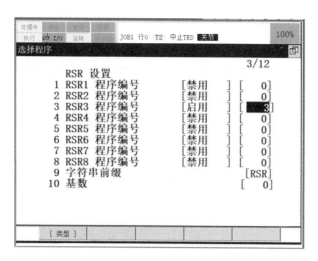

图 8-24 修改程序编号记录号

将基数改为"0",如图 8-25 所示。

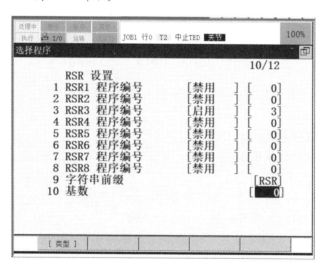

图 8-25 修改基数

满足自动运行条件后,使示教器上的报警复位,确认 UO 信号灯状态正确。通过外部启动按钮使 UI[11]为"ON",工业机器人将按照程序名为"RSR0003"的程序运行。

需要注意的是,基数和记录号不是固定的。例如,新建一个 RSR 程序,要求程序名为"RSR0123",可以设置基数是 100,那么记录号就是 23;也可以设置基数是 120,那么记录号就是 3;还可以设置基数是 0,那么记录号就是 123。只要基数+记录号等于程序名的后四位数,不足的在数字前面补"0"。

3. RSR 启动方式的时序要求

在 RSR 方式下启动程序时,程序并不会在按下按钮时立即运行,它有一个延时过程。

具体的运行时序过程:程序满足自动运行条件后,用户通过外部启动按钮进行程序的选择,选择 RSR1 到 RSR8 中的任意一个,在 32 ms 内机器人会发出一个启动前的脉冲信号 ACK 给外部设备,发出 ACK 信号后,35 ms 内 PROGRUN 输出一个信号,同时在上升沿启动选择好的程序,此时工业机器人开始运行,如图 8-26 所示。

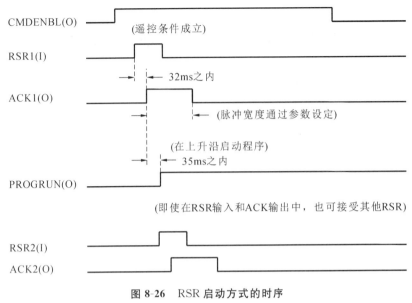

图 8-26 RSR 启动方式的时序

思考与练习

一、填空题

1. RSR 启动通过工业机器人服务请求信号 RSR1～RSR8 _____ 和 _____ 程序。

2. RSR 启动方式程序名必须为 _____ 位。

3. RSR 启动方式程序号由 RSR _____ 加 _____ 组成。

二、判断题

1. RSR 自动运行方式只能选择 255 个程序。 （   ）

2. RSR 自动运行方式基数和记录号不是固定的。 （   ）

3. RSR 自动运行方式只要基数＋记录号等于程序名的后四位数，不足的在数字前面补"0"。 （   ）

三、问答题

1. RSR 和 PNS 的启动条件是什么？

2. RSR 自动运行方式的程序命名要求是什么？

◀ 任务 4　PNS 自动运行的原理及设置步骤 ▶

【能力目标】

设置 PNS 自动运行参数；为 PNS 自动运行程序命名；通过外部按钮启动选择程序。

【知识目标】

掌握 PNS 自动运行所需参数；掌握 PNS 自动运行方式程序命名的方法；掌握设置 PNS 程序启动方法。

【素质目标】

培养沟通交流意识及创新意识。

一、PNS 自动运行的条件

PNS 自动运行方式的运行条件与 RSR 自动运行方式相同，在启动 PNS 自动运行方式之前必须先设置自动运行条件。

二、PNS 启动方式的设置

1. PNS 自动运行方式的特点

（1）当一个程序被中断或执行时，自动运行信号被忽略。

（2）自动开始操作信号（PROD_START）从第一行开始执行被选中的程序，当一个程序被中断或执行时，自动运行信号不被接收。

（3）最多可以选择 255 个程序。

2. PNS 设置步骤

依次操作"MENU"—"设置"—"选择程序"，如图 8-27 所示。

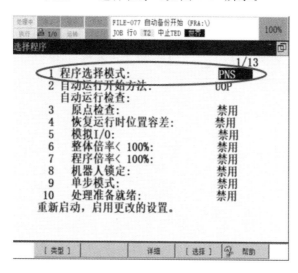

图 8-27 PNS 设置

如果"程序选择模式"显示的不是"PNS"，可以通过双击黑底文字，或者将光标置于黑底文字，按"F4"将程序选择模式更改为"PNS"，此时，系统要求重新启动，将工业机器人关机重启后才能使用 PNS 自动运行模式。

重启完成后再次进入"选择程序"界面，按"F3"—"详细"，进入 PNS 设置界面，如图 8-28 所示。光标移到基数项，输入基数（可以为 0）。

3. PNS 自动运行方式的程序命名规则

（1）程序名必须为 7 位。

（2）由 PNS＋4 位程序号组成。

（3）程序号＝PNS 号＋基准号码（不足以"0"补齐）。

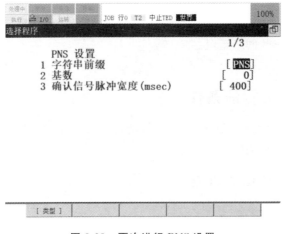

图 8-28　再次进行 PNS 设置

三、系统信号的选择

设置 PNS 方式时打开"选择程序"界面并没有看到如 RSR 显示的程序号码,PNS 设定只是给出了三个设定选项,如图 8-28 所示。第一个选项中的"PNS"不能修改,这里的"PNS"就是我们程序名中的 PNS 号,修改后程序就不能运行了;第二个选项是基准号,也就是我们选择程序的关键,程序名中的基准号等于这里的基准号加上程序号,程序号来自外部按钮的组合,这个组合是一组二进制数,将这组二进制数转换成十进制数就是程序号了,转换示例如图 8-29 所示;第三个选项"确认信号脉冲宽度"不需要进行任何设置。

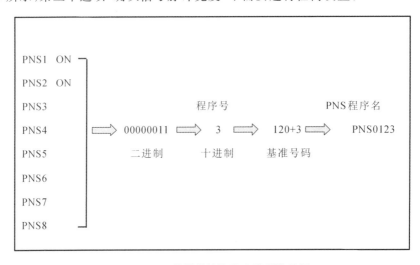

图 8-29　二进制数转换为十进制数示例

【例 8-2】　如何运行一个程序名为 PNS0123 的程序?

要运行这个程序,需要对工业机器人进行设置,如果将基数设置为 120,程序号为 3,转换为二进制数就是 00000011,对应地就要按下外部按钮 UI[9] 和 UI[10];如果将基数设置为 100,程序号就为 23,转换为二进制数就是 00010111,对应地就要按下外部按钮 UI[13]、UI[11]、UI[10] 和 UI[9]。在电脑的"开始程序"—"附件"中有计算器,可以通过该计算器实现二进制数的转换,非常简单方便。

【例 8-3】 如何实现程序名为 PNS0006 的程序的 PNS 自动运行?

首先,创建程序名为 PNS0006 的程序,并写好需要的程序;按照设置 PNS 自动运行的要求进行设置(基数可以设置为 0,也可以设置为其他数值),接下来按示教器的"MENU"——"I/O",在子选项中找到 UOP 控制信号选项并按下回车键,再按"F3"选择输入界面。在没有按下外部选择开关时,输入的状态设置如图 8-30 所示。

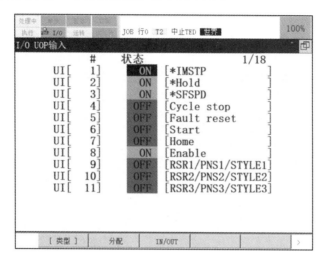

图 8-30 系统输入信号设置

在外部按钮中按下系统信号 UI[10]、UI[11]按钮时,系统输入信号界面如图 8-31 所示。

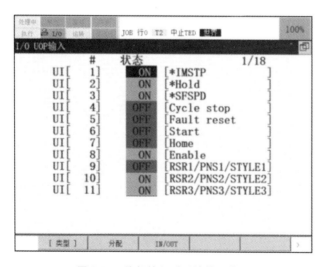

图 8-31 外部输入时系统输入信号

这个时候,工业机器人并不会像 RSR 方式一样立刻运行,此时,需要按下 UI[18]和 UI[17],工业机器人才会按照编写好的程序去运行。需要注意的是,UI[18]需要一个"ON"的信号,而 UI[17]只需要一次上升沿就可以启动机器人了;另外,当工业机器人需要执行另一个程序时,除了通过 UI[9]~UI[16]选择程序外,UI[18]需要松开后再一次按下,UI[17]也需要再次获得一个上升沿。

思考与练习

一、填空题

1. PNS 自动运行方式最多可以选择_____个程序。

2. PNS 自动运行方式程序号等于_____加上_____（不足以"0"补齐）。

3. 在示教器中创建一个名为 PNS1003 的程序，基数设置为 1000，应该在使外部 I/O 的_____和_____为"ON"时，执行该程序。

二、判断题

1. PNS 自动运行方式的运行条件与 RSR 自动运行方式不同。（　　）

2. 采用 PNS 启动方式时，当一个程序被中断或执行，自动运行信号被忽略。（　　）

三、问答题

1. PNS 自动运行方式的特点是什么？

2. PNS 自动运行方式的程序命名规则是什么？

工业机器人搬运工作站的调试

◀ 任务1 搬运工作站的工作过程及原理 ▶

【能力目标】

综合应用所学知识,完成搬运工作站的基本集成设计。

【知识目标】

掌握搬运工作站集成设计的方法和步骤。

【素质目标】

能够综合应用所学知识完成任务。

本任务中将以工业机器人搬运工作站典型应用作为案例,学习如何将前面所学知识综合应用到实际中去。

一、搬运工作站的硬件组成及作用

典型搬运工作站的结构并不复杂,如图 9-1 所示,主要由工业机器人本体、物料传送带、物料存放台、装在工业机器人第 6 轴上的手爪、气动控制器件及控制回路、物料检测传感器等组成。其中,物料检测传感器主要用于检测传送带上是否有料,并将检测信号反馈给工业机器人;工业机器人第 6 轴上安装有专用的抓取工具,可配合工业机器人完成物料的抓取和存放;气动控制器件及控制回路用来控制工业机器人上的吸盘工具及传送带上物料的定位工装夹具。

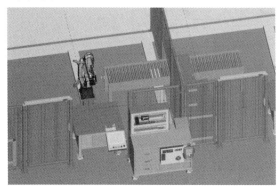

(a) 仿真软件模型

(b) 实际工作站

图 9-1　搬运工作站

二、搬运工作站的控制要求

本任务提出的控制要求:传送带将物料传送到指定位置后,传感器检测出有物料送达,工业机器人 I/O 驱动传送带侧的定位工装夹具动作,将物料定位好,间隔 1 s 后工业机器人动作,到达传送带侧抓取物料;数字压力表达到设定值后,工业机器人离开抓取位置,并将物料放到物料存放台上;物料在存放台上叠加,满 3 个后完成本次搬运工作。

三、对搬运工作站进行信号分配

对于一个完整的系统而言,其涉及多个不同设备间的配合工作,因此需要进行信号的对接,信号分配就是要给不同设备提供定义信号交换的接口和通道。本任务提出的控制要求中涉及的具体信号分配如表 9-1 所示。

表 9-1　工业机器人搬运工作站信号分配

输 入 信 号	对应输入口	输 出 信 号	对应输出口
数字压力表信号	RI1	真空吸盘电磁阀	RO1
传送带物料检测信号	DI120	传送带工装夹具电磁阀	DO120

四、设计搬运工作站电气原理图和气动原理图

1. 设计电气原理图

完成信号的分配后,需要设计电气原理图。从分配表上看,信号既有分配到工业机器人本体 EE 接口的 I/O 信号,又有分配到扩展数字接口 CRMA15 板卡上的信号,因此可根据信号分配分别画出 EE 接口和 CRMA15 板卡的电气原理图,如图 9-2 和图 9-3 所示。

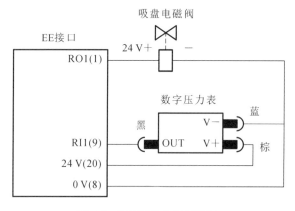

图 9-2　EE 接口电气原理图

需要注意的是 CRMA15 板卡上的信号分配,这块板的 DI 信号输入是高电平有效,因此选用光电传感器的时候,一定要选用 PNP 型的光电传感器。同时,从其原理图中可见,传送带光电传感器的信号输出分配到了 CRMA15 板卡的 DI120 上,对应的是该板卡的第 25 针信号通道,因此后续还需要在示教器上将第 25 针的输入通道定义为 DI120 才能生效。依次类推,DO120 对应板卡的第 40 针信号通道,需要在示教器上将该通道定义为 DO120。

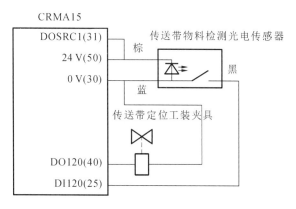

图 9-3 CRMA15 板卡电气原理图

2. 设计气动原理图

真空发生器需要用到一个 2 位三通阀,传送带气缸接的是一个 2 位五通阀,最终设计出的气动原理图如图 9-4 所示。

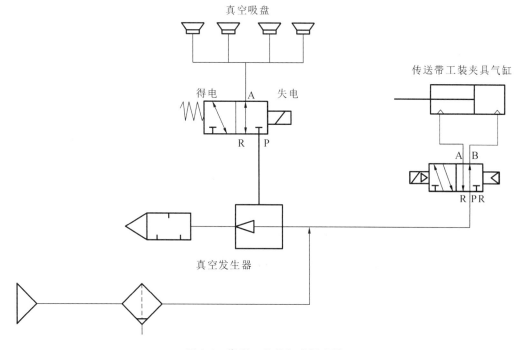

图 9-4 搬运工作站气动原理图

思考与练习

一、填空题

1. 典型的搬运工作站由_____、_____、物料存放台、_____、气动控制器件及控制回路、物料检测传感器等组成。

2. _____主要用于检测传送带上是否有料。

二、判断题

1. CRMA15 板卡上的 DI 信号输入是高电平有效。   （   ）

2.真空发生器是一个 3 位五通电磁阀。 （　　）

三、问答题

1.为什么需要对搬运工作站进行信号分配？

2.画出搬运工作站气动原理图。

◀ 任务 2　搬运工作站信号的配置和工具的安装及调试 ▶

【能力目标】

综合应用所学知识，完成搬运工作站信号的配置。

【知识目标】

掌握根据搬运工作站控制要求完成信号配置和测试的方法。

【素质目标】

能够综合应用所学知识完成任务。

本任务的控制要求与项目 9 任务 1 相同，本任务中我们将完成工业机器人信号的配置、接线和测试。

一、工业机器人信号的配置

根据 I/O 信号分配表，对 DI 和 DO 进行信号配置，如图 9-5 和图 9-6 所示。根据接口定义，DI120 需要配置到 CRMA15 接口的第 25 针上，DO120 要配置到 CRMA15 接口的第 40 针上，根据 CRMA15 接口定义，DI120 对应的起始点为 20，DO120 对应的起始点为 8。

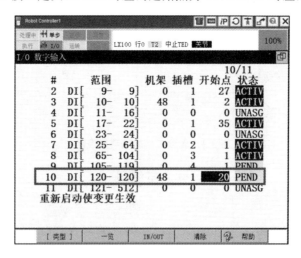

图 9-5　DI120 信号配置

DI120 和 DO120 配置完成后重新启动工业机器人生效。数字压力表和真空吸盘因为是接到工业机器人本体上的 RI 和 RO 接口上的，因此不需要进行配置。

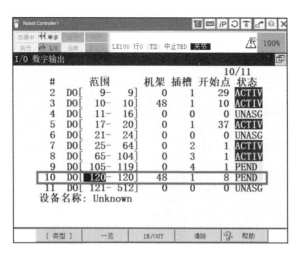

图 9-6 DO120 信号配置

二、工业机器人工具的装配

本工作站采用的是真空吸盘,因此需要将带真空吸盘的工具装到工业机器人第 6 轴的法兰盘处,如图 9-7 所示。

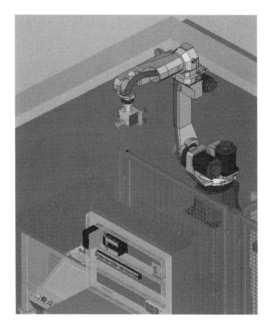

图 9-7 装上吸盘工具的工业机器人

三、电气设备和气路的连接与测试

1. 电气设备和气路的连接

按照 EE 接口电气原理图、CRMA15 板卡电气原理图和搬运工作站气动原理图完成电气设备接线和气路的连接。

2. 电气和气路测试

1）测试 EE 接口

（1）进入 RO 测试界面，将光标移到 RO1，示教器上将 RO1 状态设为"ON"，如图 9-8 所示，观察真空吸盘是否有吸气的声音，如果有则吸盘控制测试成功。

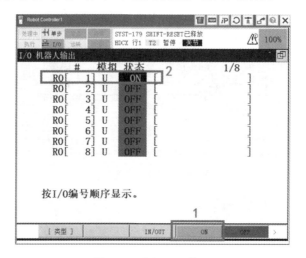

图 9-8 测试 RO1 接口

（2）用手把物料放到真空吸盘上，测试物料是否吸得住，若吸住了，在示教器 DI 监控界面上观察 RI1 是否为"ON"，若为"ON"，则功能和信号都测试成功，监控界面如图 9-9 所示。

图 9-9 测试 RI1 接口监控界面

2）测试 CRMA15 接口

（1）测试 DI120 信道。进入 DI 监控界面，用手拿一个物料放在传送带物料停放处，观察示教器界面上的 DI120 是否为"ON"，若为"ON"则测试成功，监控界面如图 9-10 所示。

（2）测试 DO120 信道。进入 DO 界面，光标移动到 DO120 处，选择"ON"功能键，观察传动带上的夹具是否动作，若动作则测试成功，监控界面及测试步骤如图 9-11 所示。

完成上述测试后，整个搬运工作站已经具备整体调试条件，下一步即可编程按工艺要求开展整体调试。

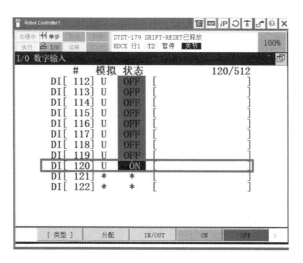

图 9-10 测试 DI120 接口监控界面

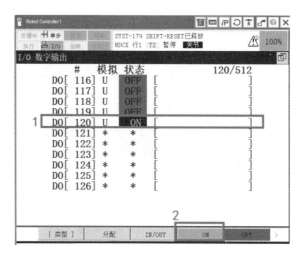

图 9-11 测试 DO120 接口监控界面及步骤

思考与练习

问答题

1.若在工业机器人 I/O 信号测试的过程中,相应的输入口没有信号输入,可能引起这种现象的原因是什么?

2.若在工业机器人 I/O 信号测试的过程中,相应的输出口没有信号输出,可能引起这种现象的原因是什么?

◀ 任务 3 搬运工作站的编程和调试 ▶

【能力目标】

综合应用所学知识,完成搬运工作站整体编程和调试。

【知识目标】

掌握根据搬运工作站控制要求完成工作站整体编程和调试的方法和步骤。

【素质目标】

能够综合应用所学知识完成任务;具备团队协作能力。

本任务的控制要求与项目9任务1相同。项目9任务2中已经完成了工业机器人搬运工作站硬件的装配、电气线路接线、气路的连接及手动测试,本任务中我们将进行整个工作站的整体编程和调试。

一、编写搬运工作站程序

步骤如下:

(1) 新建一个程序,命名为"RSR0005"。

(2) 按工艺要求编写程序。参考程序如下:

```
1: UFRAME NUM=0              //调研 0 号用户坐标,即世界坐标
2: UTOOL NUM=1              //调研 1 号工具坐标,即当前工具的工具坐标
3: R[9]=0                   //清空循环次数寄存器
4: R[10]=0                  //清空工件存放位置偏移量寄存器
5: J @ PR[1]100%  FINE      //工业机器人动作到初始工作点
6: FOR R[9]=1 TO 3          //设置循环起始点并设置循环次数为 3 次
7: WAIT DI[120]=ON          //到达传送带上抓取点等待抓取物料
8: DO[120]=ON               //有物料后,驱动物料定位装置动作
9: J P[1] 100%  FINE        //工业机器人动作到传送带抓取点上方
10: DO[120]=OFF             //驱动定位夹具松开物料
11: L P[2] 500mm/sec  FINE  //工业机器人到达传送带物料抓取点位置
12: WAIT 1.00(sec)          //等待 1 s
13: RO[1]=ON                //驱动吸盘吸取物料
14: WAIT RI[1]=ON           //等待吸取压力到达信号
15: WAIT 1.00(sec)          //等待 1 s
16: L P[3] 500mm/sec  FINE  //工业机器人到达传送带物料抓取点上方过渡点
17: J P[6] 100%  FINE       //工业机器人到达物料放置点上方
18: PR[9]=PR[8]             //将已经存放在 PR[8] 的第一块物料放置点的位置坐标
                             赋值到 PR[9]
19: PR[9,3]=PR[8,3]+R[10]   //将 PR[9] 的 Z 轴坐标值增加 R[10] 的偏移量
20: L PR[9] 500mm/sec  FINE //工业机器人移动到 PR[9],即当前物料的放置位置
21: WAIT 0.50(sec)          //等待 0.5 s
22: RO[1]=OFF               //驱动吸盘松开物料
23: WAIT 0.50(sec)          //等待 0.5 s
24: L P[5] 500mm/sec FINE   //工业机器人移动到物料放置位置上方过渡点
25: R[10]=R[10]+20          //将偏移量增加 20,即一块物料的厚度
26: ENDFOR                  //循环程序的终点,条件满足则继续循环
```

```
27: J @ PR[1]100%  FINE        //不满足循环条件则工业机器人回到工作原点,程序结束
[END]
```

二、调试搬运工作站程序

步骤如下:

(1) 在手动模式下测试"RSR0005"程序。

(2) 配置 UI 接口。

要实现本任务中工业机器人搬运工作站的控制要求,需要用 RSR 自动运行方式,因此需要驱动"RSR0005"程序,即在配置 UI 的时候需要将 UI1~UI9 配置到 CRMA15 板卡上的 DI 地址 1~9 对应的端子上,具体配置如图 9-12 所示,配置完重启工业机器人生效。

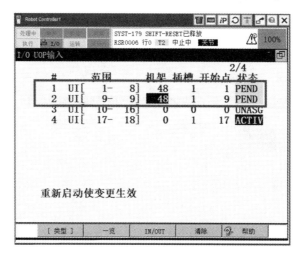

图 9-12　UI 接口信号配置

注意:

配置完 UI 接口后,按照工业机器人 UI 接口的定义和要求,将 UI1、UI2、UI3 和 UI8 接入对应的传感器或开关,并保持这 4 个接口处于接通状态,工业机器人才能正常工作。

三、设置工业机器人的 RSR 自动运行方式

具体设置的方法和步骤如下:

(1) 在"系统/配置"菜单中,将系统的控制方式设定为"远程"控制,如图 9-13 所示。

(2) 将系统变量"＄RMT_MASTER"改为"0",如果默认值不为"0",直接更改为"0"。
方法:"MENU"→"下页"→"系统"→"变量"→"＄RMT_MASTER",设定值为"0"。

(3) 将程序选择模式设置为"RSR",如图 9-14 所示。

(4) 配置 UI9 所调用的自动运行程序编号("RSR0005"),具体设置步骤如图 9-15 所示。

(5) 控制模式开关设置为"AUTO"挡。

(6) 将程序设置为"非单步"执行状态。

(7) TP 开关设置为"OFF"。

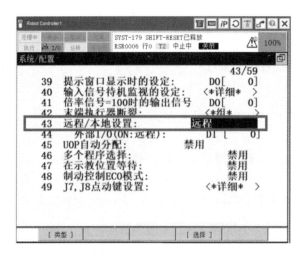

图 9-13　设置工业机器人"远程"控制方式

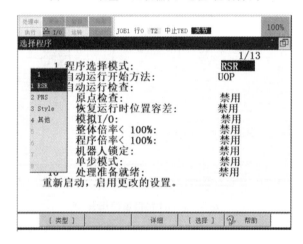

图 9-14　设置工业机器人程序选择模式

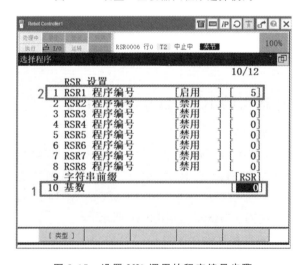

图 9-15　设置 UI9 调用的程序编号步骤

（8）进入"RSR0005"程序界面，按下 UI9 对应的外部按钮即可完成自动运行启动。

至此,我们完成了一个简单搬运工作站的设计、编程和调试,对我们所学知识进行了综合的应用,为深入地理解工业机器人的工作模式、系统集成的方法等打下了基础。

思考与练习

实训题

在本任务原有要求的基础上,增加如下功能:

(1)实现传送带的控制。当传送带物料抓取点无物料时,驱动传送带动作;有物料时,传送带停止动作。传送带控制接口设置为"DO111",自行分配到 CRMA15 或 CRMA16 输出口空余的端子上。

(2)在传送带物料定位气缸上加入气缸顶出到位和缩回到位的磁性检测开关,控制接口分别设置为"DI111"和"DI112",自行分配到 CRMA15 或 CRMA16 输出口空余的端子上;在控制过程中,当气缸顶出和缩回到位后才能运行下一段程序。

(3)编程实现程序无限循环工作。完成一个周期的工作后,默认 3 个物料被另外一个工业机器人拿走;当传送带继续有物料时,工业机器人自动开启新一个周期的工作。

(4)根据新增加的设备重新制订 I/O 分配表,重新设计电气原理图。

(5)完成增加设备的接线和测试。

(6)编写程序,完成调试。

工业机器人的基本维护

对一个企业来说,工业机器人对于提高产品的质量和生产效率有着十分重要的作用,因此,企业需要采取科学、合理的维护和保养措施,来保证工业机器人安全、稳定、健康、经济运行。工业机器人的管理与维护保养是一个新兴的技术工种,其不仅要求管理维护人员掌握工业机器人技术的基本原理,还要求其掌握工业机器人的安装、调试、系统编程、维修等技能。管理维护人员需要不断提高自身综合素质和技能水平,才能满足工业机器人维护保养的需求。

◀ 任务 1　电池的种类及更换方法 ▶

【能力目标】

正确更换工业机器人本体电池;正确更换控制柜电池。

【知识目标】

了解电池在工业机器人中的作用;了解工业机器人电池的种类;掌握电池的更换步骤及方法。

【素质目标】

培养团队合作意识及创新意识。

工业机器人本体及控制柜是昂贵的工业自动化设备,如何有效地发挥工业机器人的作用,使其高效、安全、高精度地运行? 我们需要对工业机器人定期进行维护保养,如清理污垢、备份文件、更换电池、更换工业机器人润滑油等。对工业机器人定期进行维护保养可排除工业机器人长期运行、环境不利等因素造成的隐患,减少工业机器人发生故障的频率,降低运行费用,延长工业机器人的使用寿命。

本任务主要介绍工业机器人的基本维护保养知识——工业机器人电池的种类及更换方法。

一、FANUC 机器人常见电池种类

1. 主板电池

工业机器人程序和系统变量(如零点标定的数据)存储在主板的内存中,由一节位于主板上的锂电池供电,以保存数据,如图 10-1 所示。

FANUC 机器人主板电池为 1750 mAh 的特制锂电池,该电池一般两年需要更换一次。

2. 本体电池

工业机器人电动机的编码器为多圈绝对值编码器,其编码器值由两部分组成,一部分是

单圈绝对值,这个从传感器中可以直接获取,另一部分则是圈数,这个值记录的是相对值,需要掉电保持。工业机器人本体电池的作用就是保存这个圈数,保证工业机器人零点不丢失。

FANUC 机器人本体电池为 4 节 2 号锂电池,如图 10-2 所示,该电池一般一年需要更换一次。

图 10-1 主板锂电池

图 10-2 本体锂电池

二、FANUC 机器人电池的更换方法

1. 主板电池的更换方法及步骤

当主板电池电压不足时,系统会在示教器上显示"SYST-035 WARN 主板的电池电压低或为零"报警信息,此时系统将不能在内存中备份数据,需要更换主板电池,并重新加载此前已备份好的数据。

更换主板电池的具体步骤如下:

(1) 准备一个新的 1750 mAh 锂电池(该电池为特制电池,只能购买原装电池进行更换)。

(2) FANUC 机器人通电开机正常后,等待 30 s。

(3) FANUC 机器人断电,打开控制器柜子,按住电池单元的卡爪,向外拉出位于主板右上角的旧电池,如图 10-3 所示。

图 10-3 主板电池位置

(4) 安装准备好的新电池单元,确认电池的卡爪已被锁住,如图 10-4 所示。

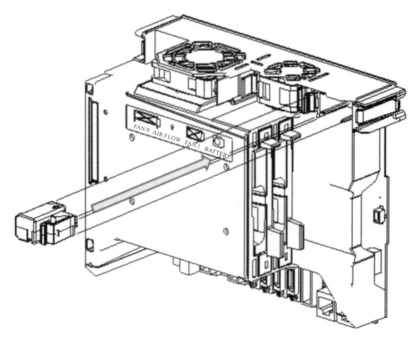

图 10-4　安装新的主板电池

要注意的是,更换过程需在 30 min 以内完成,否则会因长时间不安装电池造成存储器数据丢失。为了防止意外发生,在更换电池之前,需事先备份 FANUC 机器人的程序系统变量等数据。

2. 本体电池的更换方法及步骤

当 FANUC 机器人本体电池电压下降时,系统会发出报警通知用户,如"SRVO-065 BLAL 报警(脉冲编码器的电池电压低于基准值)",此时需更换相应的电池。若因更换电池不及时或其他原因,造成脉冲编码器信息丢失,而出现"SRVO-062 BZAL"报警时,需要重新完成零点标定。

更换本体电池的具体步骤如下:

(1) 启动 FANUC 机器人,待其运行平稳后,打开位于 FANUC 机器人本体后方的电池盒盖子,如图 10-5 所示。

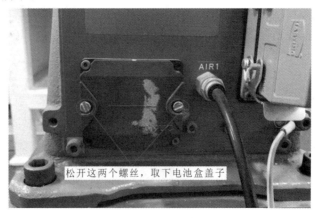

图 10-5　本体电池盒

（2）拉起电池盒中央的空心方棒，可以将 4 个旧电池从电池盒中取出，如图 10-6 所示。

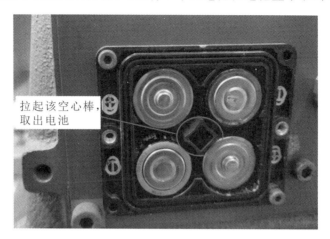

拉起该空心棒，取出电池

图 10-6 取出旧电池

（3）将 4 个新电池装入电池盒，注意不要弄错电池的正负极，如图 10-7 所示。

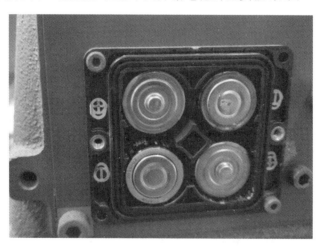

图 10-7 装入新电池

（4）盖上电池盒盖子，并紧固 2 个螺丝。

思考与练习

一、填空题

1. 定期维护保养项目有_____、_____、_____、_____等。

2. 工业机器人主板电池用于_____。

3. FANUC 机器人主板电池一般需要_____换一次。

4. FANUC 机器人本体电池为 4 节_____锂电池。

5. FANUC 机器人本体电池一般_____需要更换一次。

6. 当主板电池电压不足时，系统会在示教器上显示"_____ WARN 主板的电池电压低或为零"。

7. 主板电池更换过程需在_____以内完成，否则会因长时间不安装电池造成存储器数据丢失。

二、判断题

1.进行定期维护保养可排除机器人长期运行、环境不利等因素造成的隐患。 （　　）

2.工业机器人本体电池可以保证机器人零点不丢失。 （　　）

3.更换主板电池时，直接打开控制器柜子更换即可。 （　　）

4.当工业机器人本体电池电压下降时，系统不会发出报警通知用户。 （　　）

三、问答题

1.FANUC 机器人主板电池的更换方法及步骤是什么？

2.FANUC 机器人本体电池的更换方法及步骤是什么？

◀ 任务2　零点丢失的处理方法及步骤 ▶

【能力目标】

根据故障现象和故障代码，准确判断零点丢失故障；消除因零点丢失造成的系统故障；对工业机器人重新进行零点标定。

【知识目标】

了解何时进行零点标定；掌握零点丢失报警的消除方法；掌握零点设置的方法。

【素质目标】

培养团队合作意识及创新意识。

工业机器人的编程都是围绕位置点进行的，而程序获取的位置点都是基于零点位置的，若因为某些原因使工业机器人零点丢失，会造成工业机器人无法正常使用。

一、FANUC 机器人零点丢失的故障现象

1.进行零点标定的情况

发生以下情况时，需要进行零点标定：

（1）更换电动机、减速器、电缆、脉冲编码器等主体部件时。

（2）FANUC 机器人本体后备电池用尽，未及时更换时。

（3）FANUC 机器人本体与工件或环境发生强烈碰撞时。

（4）没有在控制器控制下，手动移动 FANUC 机器人关节时。

（5）其他可能造成零点丢失的情况。

2.零点丢失的故障现象

1）"SRVO-062"报警

因更换电池不及时或其他原因，造成脉冲编码器信息丢失，即零点丢失，则会出现"SR-VO-062 BZAL 报警"，如图 10-8 所示。

图 10-8 "SRVO-062"报警

2）"SRVO-075"报警

一般在消除"SRVO-062 BZAL 报警"故障后，会出现"SRVO-075 脉冲编码器位置未确定"报警，如图 10-9 所示，此时 FANUC 机器人只能在关节坐标系下单关节运动。

图 10-9 "SRVO-075"报警

3）"SRVO-038"报警

在 FANUC 机器人系统恢复备份时，通常会出现"SRVO-038 SVAL2 脉冲值不匹配"报警，此时 FANUC 机器人无法动作。

二、FANUC 机器人零点丢失的处理方法

1. 故障的消除

1）显示"零点标定/校准"选项

FANUC 机器人在日常使用时，"零点标定/校准"选项是被隐藏的，需要进行系统设置才能显示。

（1）按"MENU"—"下页"，选择"系统"，如图 10-10 所示。

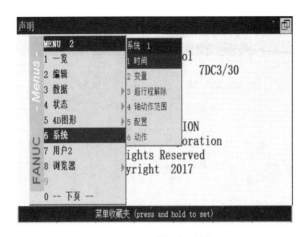

图 10-10　选择"系统"

（2）按"F1"—"类型"，选择"变量"，如图 10-11 所示。

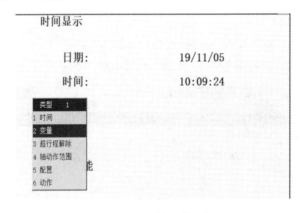

图 10-11　选择"变量"

（3）将光标移至"＄MASTER_ENB"位置，如图 10-12 所示，输入"1"，按"ENTER"键。

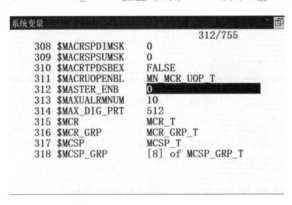

图 10-12　更改"＄MASTER_ENB"

（4）按"F1"—"类型"，从菜单选择"零点标定/校准"，如图 10-13 所示。

（5）"零点标定/校准"菜单中，选择将要执行的零点标定种类。

2）消除"SRVO-062"报警

（1）进入"系统零点标定/校准"界面，如图 10-14 所示。

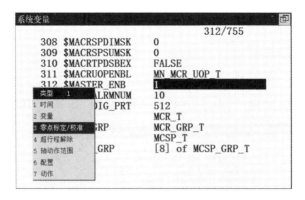

图 10-13 选择"零点标定/校准"

图 10-14 "系统零点标定/校准"界面

（2）按"F3"—"脉冲复位"后，再按"F4"—"是"，如图 10-15 所示，解除脉冲编码器报警。

图 10-15 脉冲复位

（3）切断控制装置的电源，然后再接通电源。

3）消除"SRVO-075"报警

（1）按"COORD"键将坐标系切换成关节坐标系，如图 10-16 所示。

图 10-16 坐标系切换

（2）使用 TP 点动 FANUC 机器人报警轴运动 20°以上，按"RESET"，消除"SRVO-075"报警。

4）消除"SRVO-038"报警

（1）按消除"SRVO-062"报警的前两个步骤消除"SRVO-038"报警。

（2）进入"系统变量"界面，将光标移至"$DMR_GRP"位置，如图 10-17 所示。

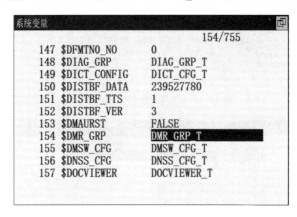

图 10-17　设置"$DMR_GRP"

（3）按"F2"—"详细"键，显示二级菜单，如图 10-18 所示。

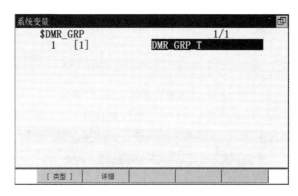

图 10-18　"$DMR_GRP"二级菜单

（4）选择对应组的"DMR_GRP_T"项，按"F2"—"详细"键，显示下一级菜单，如图 10-19 所示。

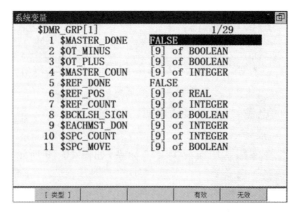

图 10-19　"DMR_GRP_T"项详细设置

（5）按"F4"—"有效"键将"＄MASTER_DONE"行的"FALSE"改为"TRUE"，如图 10-20 所示。

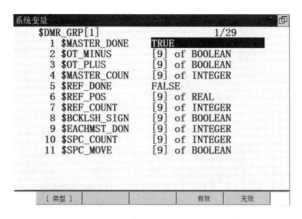

图 10-20　修改"＄MASTER_DONE"参数

（6）进入"系统零点标定/校准"界面，将光标移至"更新零点标定结果"，如图 10-21 所示。

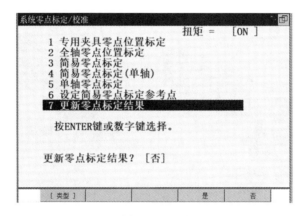

图 10-21　选择"更新零点标定结果"

（7）按"F4"—"是"确认，再按"F5"—"完成"键即可。此时"零点标定/校准"菜单被隐藏。

2. 零点标定的方法

在消除系统零点丢失报警后，往往需要重新进行零点标定。常见的零点标定方法如表 10-1 所示。

表 10-1　常见的零点标定方法

零点标定的方法	解　释
专门夹具核对方式 （jig mastering）	出厂时设置；需卸下工业机器人上的所有负载，用专用的校正工具完成
全轴零点位置标定 （mastering at the zero-degree positions）	由于机械拆卸、维修或电池电量耗尽导致工业机器人零点数据丢失时进行

零点标定的方法	解　释
简易零点标定 （quick mastering）	由于电气或软件问题导致零点数据丢失时，用于恢复已经备份的零点数据作为快速示教调试基准。若由于机械拆卸或维修等导致工业机器人零点数据丢失，则不能采取此法。条件：在工业机器人正常使用时设置简易零点标定参考点
单轴零点标定 （single axis mastering）	用于单个坐标轴的机械拆卸或维修（通常是更换马达）引起的零点数据丢失

1）全轴零点位置标定

在消除"SRVO-075"报警后需要进行全轴零点位置标定。

全轴零点位置标定是在所有轴零度位置进行的零点标定。FANUC 机器人的各轴都曾被赋予零位标记。通过这一标记，可将 FANUC 机器人移动到所有轴零度位置后进行零点标定。全轴零点位置标定一般通过目测进行调节，把 FANUC 机器人示教到零度位置，所以不能期待其零点标定的精度。

（1）示教 FANUC 机器人的每个轴到零度位置（也就是各个轴刻度标记对齐的位置），如图 10-22 所示。

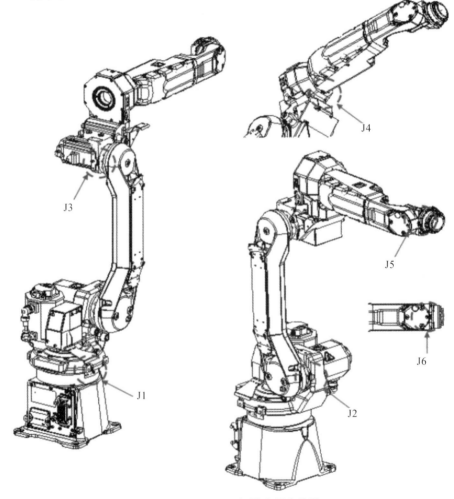

图 10-22　FANUC 机器人零度位置

（2）进入"系统零点标定/校准"界面，将光标移至"全轴零点位置标定"，如图 10-23 所示。

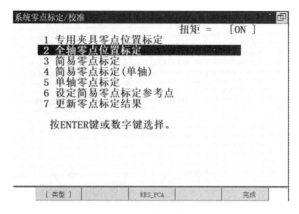

图 10-23 选择"全轴零点位置标定"

（3）在示教器上弹出"执行零点位置标定？"，如图 10-24 所示，按"F4"选择"是"。

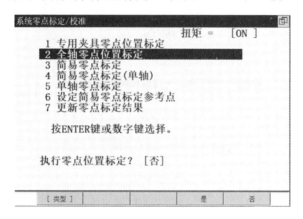

图 10-24 执行零点位置标定

（4）选择"更新零点标定结果"，如图 10-25 所示，按"F4"选择"是"。

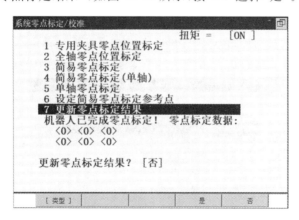

图 10-25 选择"更新零点标定结果"

（5）在位置调整结束后，按"F5"—"完成"，如图 10-26 所示。

（6）重启 FANUC 机器人，零点标定完成。

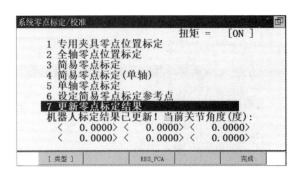

图 10-26　完成更新零点标定

2）简易零点标定

（1）在 FANUC 机器人正常使用时设置简易零点标定参考点。

方法：进入"系统零点标定/校准"界面，将光标移至"设定简易零点标定参考点"，如图 10-27 所示，按"ENTER"键后示教器上显示"设定简易零点标定参考点？"，按"F4"选择"是"，简易零点标定参考点即被存储起来。

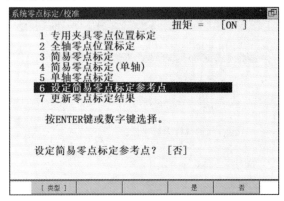

图 10-27　选择"设定简易零点标定参考点"

（2）进行简易零点标定。

方法：① 解除"SRVO-038"报警后，在关节坐标系下移动 FANUC 机器人，使其移动到简易零点标定参考点；② 进入"系统零点标定/校准"界面，如图 10-28 所示，将光标移至"简易零点标定"，按"F4"选择"是"，FANUC 机器人完成简易零点标定；③ 选择"更新零点标定结果"，按"F4"选择"是"，再按"F5"—"完成"，恢复制动器控制原先的设定，重新通电。

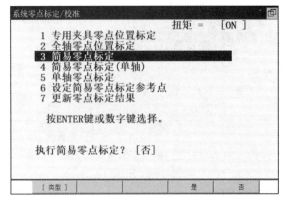

图 10-28　"系统零点标定/校准"界面

3）单轴零点标定

（1）进入"系统零点标定/校准"界面，将光标移至"单轴零点标定"，按"ENTER"键进入"单轴零点标定"菜单，如图 10-29 所示。

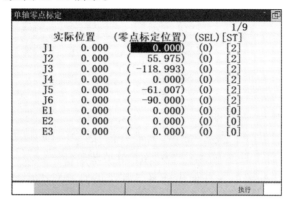

图 10-29 "单轴零点标定"菜单

（2）将报警轴（也就是需要零点标定的轴）的"SEL"项改为"1"，如图 10-30 所示。

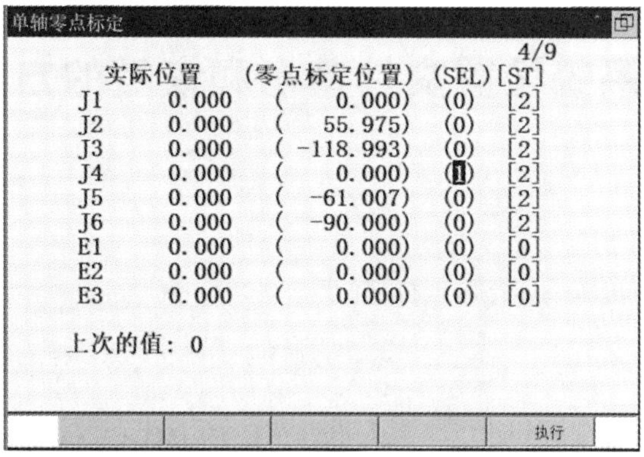

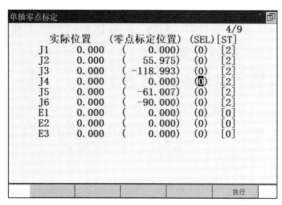

图 10-30 报警轴零点标定

（3）示教 FANUC 机器人的报警轴调到 0°（即该轴刻度标记对准的位置），在报警轴的零点标定位置项输入轴的零点数值（如"0"）。

（4）按"F5"—"执行"，则相应的"SEL"项由"1"变为"0"，"ST"项由"0"改为"2"，如图 10-31所示。

图 10-31 报警轴参数修改

思考与练习

一、填空题

1.因更换电池不及时或其他原因,会出现"_____报警"。

2.在 FANUC 机器人系统_____时,通常会出现"SRVO-038 SVAL2 脉冲值不匹配"报警。

3.在消除"SRVO-075"报警后需要进行_____标定。

4.常见的零点标定方法有_____种。

二、判断题

1.消除"SRVO-062 BZAL 报警"故障,而没有消除"SRVOO-075 脉冲编码器位置未确定"报警时,FANUC 机器人只能在关节坐标系下单关节运动。　　　　　　(　　)

2.消除"SRVO-075"报警时在任何坐标系下都可以使 FANUC 机器人运动。　(　　)

三、问答题

1.什么情况下需要进行零点标定?

2.消除"SRVO-062"报警的方法是什么?

◀ 任务3　系统设置文件备份和恢复的方法及步骤 ▶

【能力目标】

消除系统中产生的报警;进行零点标定。

【知识目标】

了解何时进行零点标定;掌握零点丢失报警消除的方法;掌握零点设置的方法。

【素质目标】

培养团队合作意识及创新意识。

大到自然灾害,小到病毒、电源故障乃至操作员意外操作失误,都会影响工业机器人系统的正常运行,甚至造成整个系统完全瘫痪。系统及数据备份的任务与意义就在于,当灾难发生后,通过备份的系统及数据完整、快速、简捷、可靠地恢复原有系统。因此,定期对工业机器人系统进行系统及数据备份是一项非常有必要的工作。

一、FANUC 机器人备份前的准备工作

在对 FANUC 机器人进行备份前,首先需要了解备份及加载所用设备,这样才能够更好地选择合适的备份工具;其次要了解 FANUC 机器人文件的类型及作用,才能准确有效地备份或加载所需的文件;最后还要了解备份或加载的方法及各方法的异同,这样才能针对所要备份或加载的内容选择合适的方法。

1.文件的备份及加载设备

FANUC 机器人常用的备份及加载设备有以下 3 种:

（1）存储卡（memory card），也就是常说的 MC 卡，如图 10-32 所示。

（2）U 盘，这是最常用的备份及加载设备，也是日常使用的主要备份及加载工具，如图 10-33 所示。

（3）个人电脑（personal computer，PC），该设备连接及通信较其他设备更为复杂，所以一般不使用，如图 10-34 所示。

图 10-32　MC 卡　　　　　　　图 10-33　U 盘　　　　　　　图 10-34　个人电脑

2. 文件类型

要备份文件，先要了解 FANUC 机器人内存储的文件类型，以便准确地选择文件。控制柜使用的文件类型主要有 4 种。

1）程序文件

顾名思义，程序文件（扩展名为"TP"）就是用来存储程序的文件，它被自动存储于控制柜的 CMOS（complementary metal oxide semiconductor）中，通过示教器上的"SELECT"键显示程序文件目录，如图 10-35 所示。

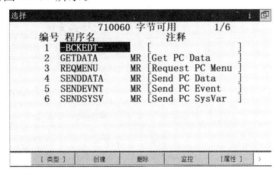

图 10-35　程序文件目录

2）默认的逻辑文件

默认的逻辑文件（扩展名为"DF"）包括在程序编辑画面中的各个功能键（即"F1"到"F4"）所对应的默认逻辑结构的设置。"F1"到"F4"所对应的默认逻辑结构如下：

（1）"DEF_MOTN0.DF"对应"F1"键。

（2）"DF_LOGI1.DF"对应"F2"键。

（3）"DF_LOGI2.DF"对应"F3"键。

（4）"DF_LOGI3.DF"对应"F4"键。

3）系统文件

系统文件（扩展名为"SV"）主要是用来保存各项系统设置的文件，主要的系统文件如表 10-2 所示，在日常维护保养时必须备份的是保存 FANUC 机器人零点数据的"SYSMAST.SV"及系统变量的"SYSVARS.SV"。

表 10-2　主要的系统文件

文 件 名 称	作　　用
FRAMEVAR.SV	用来保存坐标参考点的设置
SYSFRAME.SV	用来保存用户坐标系和工具坐标系的设置
SYSMAST.SV	用来保存 FANUC 机器人零点数据
SYSMACRO.SV	用来保存宏命令设置
SYSPASS.SV	用来保存用户密码数据
SYSSERVO.SV	用来保存伺服参数
SYSVARS.SV	用来保存坐标、参考点、关节运动范围、抱闸控制等相关变量的设置

4）数据文件

数据文件是保存各寄存器数据（扩展名为"VR"）及 I/O 配置数据（扩展名为"IO"）的文件。

（1）"DIOCFGSV.IO"用来保存 I/O 配置数据。

（2）"NUNREG.VR"用来保存寄存器数据。

（3）"POSREG.VR"用来保存位置寄存器数据。

（4）"PALREG.VR"用来保存码垛寄存器数据。

3. 备份、加载或还原文件的方法

备份、加载或还原文件的方法如表 10-3 所示。

表 10-3　备份、加载或还原文件的方法

模　　式	备 份 方 法	加载或还原方法	加载注意事项
一般模式	文件的一种类型或所有文件全部备份（backup）	单个文件加载（load）	（1）写保护文件不能被加载；（2）处于编辑状态的文件不能被加载；（3）部分系统文件不能被加载
控制启动模式（controlled start）	文件的一种类型或全部备份（backup）	（1）单个文件加载（load）；（2）一种类型或全部文件（restore）加载	（1）写保护文件不能被加载；（2）处于编辑状态的文件不能被加载
启动监控（boot monitor）模式	文件及应用系统镜像备份（image backup）	文件及应用系统镜像还原（image restore）	——

在进行备份或加载工作时要根据实际情况选择合适的方法，才能事半功倍。

二、FANUC 机器人备份和加载的步骤

1. 一般模式下的备份和加载

1）一般模式下的备份

步骤如下：

（1）选择存储设备。

（2）在所选存储设备中创建文件夹。

（3）选择备份的文件类型并将文件备份到所创建的文件夹中。

以下以 U 盘作为备份设备为例，备份 FANUC 机器人上的程序文件。

打开示教器右侧 USB 口封盖，把 U 盘插到示教器上的 USB 口上，如图 10-36 所示。

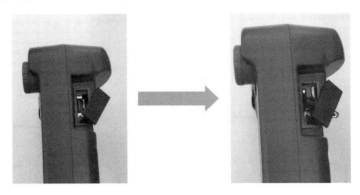

图 10-36　插入 U 盘

点击示教器上"MENU"—"文件"，进入文件选择界面，如图 10-37 所示。

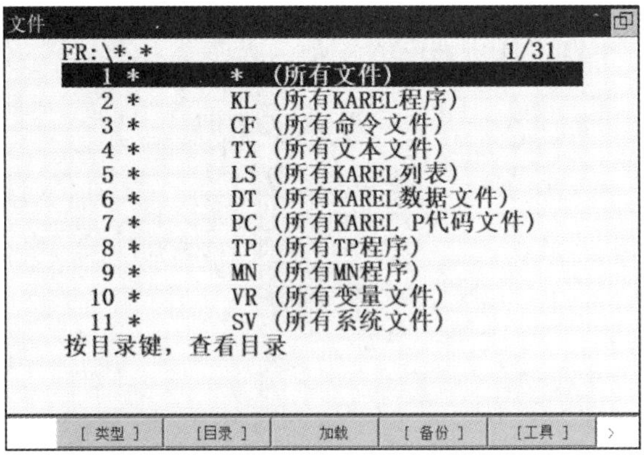

图 10-37　文件选择界面

按"F5"—"工具"—"切换设备"，进入设备选择菜单，如图 10-38 所示。

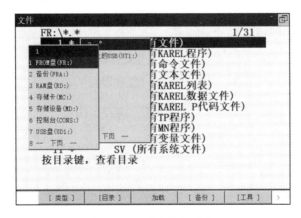

图 10-38　设备选择菜单

选择"TP 上的 USB",如图 10-39 所示。

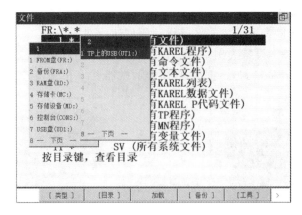

图 10-39   选择"TP 上的 USB"

这里要说明的是,U 盘的格式化与备份文件夹的建立可以在电脑上完成,这样更为简单。

在"UT1"根目录下将光标移动至建好的文件夹,并按"ENTER"键进入文件夹,如图 10-40所示。

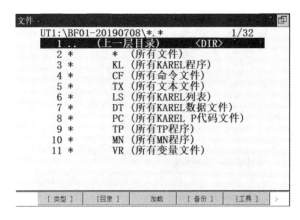

图 10-40   进入新建的文件夹

按"F4"—"备份",在备份内容选择项目中选择"TP 程序",如图 10-41 所示。

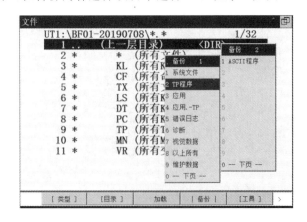

图 10-41   选择 TP 程序备份

进入备份文件类型选择。如果备份所有 TP 程序文件,就按"F3"—"所有";如果只备份几个特定的 TP 程序文件,就按"F4"—"是"或"F5"—"否"。这里选择所有 TP 程序文件,按"F3"—"所有"完成备份,如图 10-42 所示。

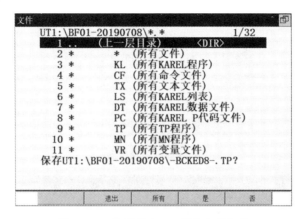

图 10-42 选择所有 TP 程序文件备份

将光标移至"＊(所有文件)",按"ENTER"键查看备份的文件,如图 10-43 所示。

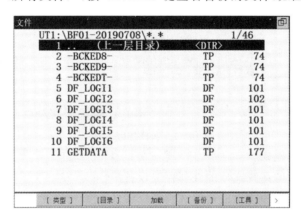

图 10-43 查看备份的文件

2)一般模式下的加载

步骤如下:

(1)选择需要加载的文件的外部存储设备。

(2)从外部存储设备中找出所需加载的文件。

(3)加载文件。

此处仍以 U 盘作为加载设备为例进行加载。

进入 U 盘,查看需要加载的程序目录,如图 10-44 所示,步骤与使用 U 盘备份一样。

将光标移至需要加载的文件或文件类型上,按"F3"—"加载",按"F4"—"是",如图 10-45所示,完成加载,可按"SELECT"键查看文件。

2. 控制启动模式下的备份和加载

一般模式下可以备份所有文件,并可以加载除系统文件外的所有文件,所以在控制启动模式下,一般只做系统文件的加载工作。

控制启动模式下的加载步骤如下:

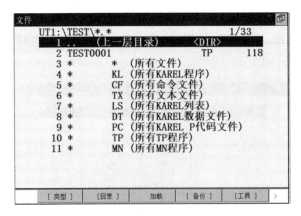

图 10-44　程序目录

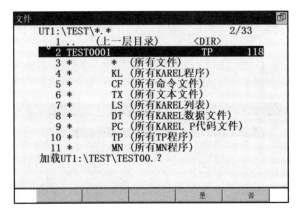

图 10-45　选择加载文件

（1）进入控制启动模式。

（2）选择需要加载的系统文件的外部存储设备。

（3）从外部存储设备中找出所需加载的系统文件。

（4）加载所需系统文件。

以 U 盘作为加载设备为例加载保存机器人零点数据的系统文件。

插入 U 盘，点击"FCTN"键进入"FUNCTION"菜单，如图 10-46 所示，选择"下页"，按"ENTER"键进入下一页。

图 10-46　"FUNCTION"菜单

将光标移至"重新启动",按"ENTER"键进入重启选择界面,如图 10-47 所示。

图 10-47　重启选择界面

选择"启动模式",进入启动模式选择界面,如图 10-48 所示。

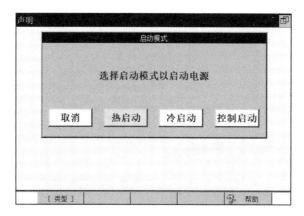

图 10-48　启动模式选择界面

选择"控制启动",然后断电重启,进入控制启动模式,如图 10-49 所示。

图 10-49　控制启动模式

按"MENU"键,选择"文件",进入文件选择界面,如图 10-50 所示。

按"F5"—"功能"—"切换设备",选择"TP 上的 USB",进入 U 盘目录,如图 10-51 所示。

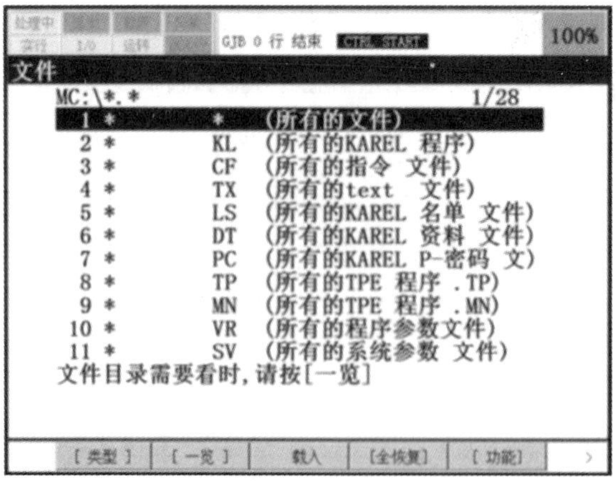

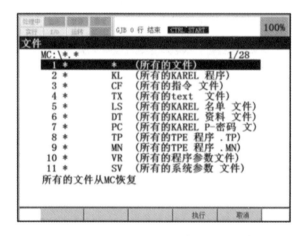

图 10-50　文件选择界面

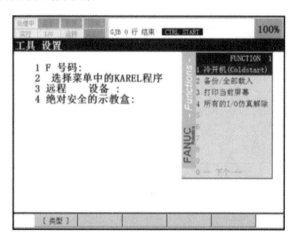

图 10-51　进入 U 盘目录

进入备份了系统文件的 U 盘的目录,并选择需要加载的零点数据文件"SYSMAST.SV",按"F3"—"加载",点击两次"F4"—"是"进行文件加载。

加载完成后按"FCTN"键,进入"FUNCTION"菜单,如图 10-52 所示,选择"冷开机",FANUC 机器人重启,加载工作完成。

图 10-52　"FUNCTION"菜单

3. 启动监控(boot monitor)模式下的备份和还原

1）启动监控(boot monitor)模式下的系统备份

（1）同时按住“F1”+“F5”，开机，直到出现“BMON MENU”菜单，如图10-53所示。

```
BMON MENU
1.  CONFIGURATION MENU
2.  ALL SOFTWARE INSTALLATION
3.  INIT START
4.  CONTROLLER  BACKUP/RESTORE
5.  ......

    SELECT _
```

图10-53 “BMON MENU”菜单

（2）用数字键输入“4”(选择“CONTROLLER BACKUP/RESTORE”)，按“ENTER”键确认，进入“BACKUP/RESTORE MENU”界面，如图10-54所示。

```
BACKUP / RESTORE MENU
0.  RETURN TO MAIN MENU
1.  EMERGENCY BACKUP
2.  BACKUP CONTROLLER AS IMAGE
3.  RESTORE CONTROLLER IMAGE
4.  ......

    SELECT _
```

图10-54 “BACKUP/RESTORE MENU”界面

（3）用数字键输入“2”(选择“BACKUP CONTROLLER AS IMAGE”)，按“ENTER”键确认，进入“DEVICE SELECTION”界面。

（4）用数字键输入“1”，选择“MEMORY CARD”，按“ENTER”确认，系统显示“ARE YOU READY？[Y=1/N=ELSE]”，用数字键输入“1”，按“ENTER”确认，系统开始备份，如图10-55所示。

```
Writing FROM00.IMG
Writing FROM01.IMG
Writing FROM02.IMG
Writing FROM03.IMG
    ...
```

图10-55 开始备份系统

（5）备份完毕，显示“PRESS ENTER TO RETURN”，按“ENTER”键，进入“BMON MENU”菜单界面。

（6）关机重启，进入一般模式界面。

2）启动监控(boot monitor)模式下的系统还原

（1）进入"BACKUP/RESTORE MENU"界面，步骤与系统备份步骤相同，用数字键输入"3"，选择"RESTORE CONTROLLER IMAGE"，按"ENTER"键确认，进入"DEVICE SELECTION"界面。

（2）用数字键输入"1"，选择"MEMORY CARD"，按"ENTER"确认，系统显示"ARE YOU READY？［Y＝1/N＝ELSE]"，用数字键输入"1"，按"ENTER"确认，系统开始还原，如图10-56所示。

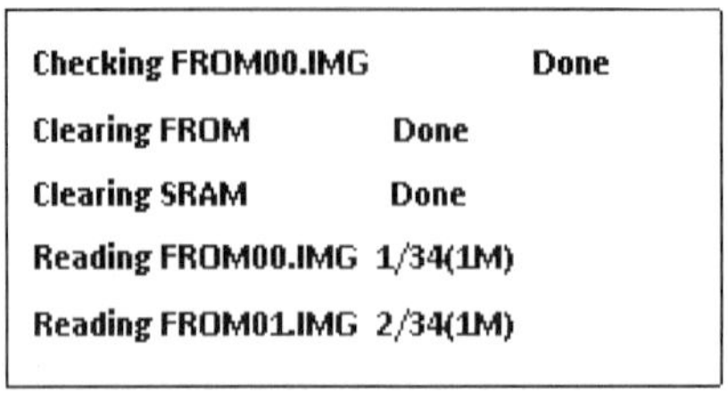

Checking FROM00.IMG	**Done**
Clearing FROM	**Done**
Clearing SRAM	**Done**
Reading FROM00.IMG	**1/34(1M)**
Reading FROM01.IMG	**2/34(1M)**

图10-56　还原系统

（3）系统还原完毕，显示"PRESS ENTER TO RETURN"，按"ENTER"键，进入"BM-ON MENU"菜单界面。

（4）关机重启，进入一般模式界面。

思考与练习

一、填空题

1. FANUC机器人常用的备份及加载设备有＿＿＿＿＿＿、＿＿＿＿＿＿和＿＿＿＿＿＿。

2. 控制柜使用的文件类型主要有＿＿＿＿＿＿种。

3. 程序文件的扩展名是＿＿＿＿＿＿。

4. 备份、加载文件的方法主要有＿＿＿＿＿＿种，分别是＿＿＿＿＿＿下的备份和加载、＿＿＿＿＿＿下的备份和加载及＿＿＿＿＿＿下的备份和还原。

5. 在＿＿＿＿＿＿模式下主要进行系统文件的加载工作。

二、判断题

1. 系统文件用来保存用户所编写的程序。　　　　　　　　　　　　　（　　）

2. 一般模式下主要进行所有文件的备份工作。　　　　　　　　　　　（　　）

三、问答题

1. 备份和加载文件的方法有哪几种？

2. 一般模式下的备份有几种方法？分别是什么？

［1］李志谦．精通 FANUC 机器人编程、维护与外围集成［M］．北京：机械工业出版社，2019．

［2］刘杰，王涛．工业机器人应用技术基础［M］．武汉：华中科技大学出版社，2019．

［3］王大伟．工业机器人应用基础［M］．北京：化学工业出版社，2018．

［4］罗霄，罗庆生．工业机器人技术基础与应用分析［M］．北京：北京理工大学出版社，2018．

［5］伊洪良．工业机器人应用基础［M］．北京：机械工业出版社，2018．

［6］智造云科技，徐忠想，康亚鹏，等．工业机器人应用技术入门［M］．北京：机械工业出版社，2017．

［7］张宪民，杨丽新，黄沿江．工业机器人应用基础［M］．北京：机械工业出版社，2015．